生态农业实用技术

梁 欣 严进瑞 梁玉红 主编

中国农业科学技术出版社

图书在版编目（CIP）数据

生态农业实用技术／梁欣，严进瑞，梁玉红主编 .—北京：中国农业科学技术出版社，2017.7

ISBN 978-7-5116-3155-8

Ⅰ.①生… Ⅱ.①梁…②严…③梁… Ⅲ.①生态农业–研究 Ⅳ.①S181

中国版本图书馆 CIP 数据核字（2017）第 150583 号

责任编辑　崔改泵
责任校对　马广洋

出 版 者	中国农业科学技术出版社
	北京市中关村南大街 12 号　邮编：100081
电　　话	（010）82109194（编辑室）　　（010）82109702（发行部）
	（010）82109709（读者服务部）
传　　真	（010）82106650
网　　址	http://www.CASTP.cn
经 销 者	各地新华书店
印 刷 者	北京富泰印刷有限责任公司
开　　本	880 mm×1 230 mm　1/32
印　　张	7.125
字　　数	198 千字
版　　次	2017 年 7 月第 1 版　2017 年 7 月第 1 次印刷
定　　价	29.80 元

《生态农业实用技术》
编　委　会

前　言

在新的发展形势下，我国农业生产面临的资源与环境、数量与质量双重约束日益突出。如何实现农业的绿色转型发展，确保粮食安全与有效供给，确保食品安全与满足需求，确保生态安全与持续发展，是新常态下人们必须重视与解决的现实问题。

发展高效生态农业不但有助于壮大产业经济，而且发展空间很大，将动物生产叠加到作物生产之中，以增加单位农田面积的经济产出，同时有效治理畜牧业的废弃物可能造成的污染。构建生态循环农业模式，有利于农业增效、农民增收，也有利于低碳农业、美丽乡村建设，促进可持续农业永续发展。

因作者水平有限，本教材如有疏漏之处，敬请广大读者批评指正。

编　者

目　　录

第一章　生态农业的概述

第一节　生态农业与非生态农业

纵观世界农业发展史，农业生产经过了古代原始农业、近代传统农业，到第二次世界大战后进入现代农业阶段。现代农业可分为20世纪70年代以前的石油农业时期和70年代开始的生态农业时期。

石油农业的发展模式是最大限度地向农业生产投入机械能和化学能，以能量的高投入谋求农业的高产出。一开始石油农业显示出极大的优越性：劳动生产率、单位面积产量得到大幅度提高，减少了病虫害损失。但此后出现了一系列严重的问题：能源紧张加剧、自然生态被破坏、环境污染严重等，造成了资源开发、经济发展和环境保护间的一系列矛盾。实践证明，传统农业与石油农业不是农业现代化的成功之路。在这种情况下，生态农业以崭新的面目和巨大的潜在优势引起了世界各国的关注，并在很短时间内从研究、探索走向实施、推广。因此，生态农业作为一种新的独立的农业生产形式，是人类日益增长的农产品需求和社会生产力所造成的农业环境污染、破坏以及人们对农业发展的经验教训进行反思的结果，是人们吸取有史以来的农业生产方式的全部精华，是摒弃现代农业中有损生态经济平衡的措施、方法的结果。生态农业是实施可持续发展战略的重要途径之一。

第二节　现代生态农业与传统生态农业

从实践意义看，现代生态农业是指农、林、牧、副、渔、工、商、建、运等农业产业和非农产业所综合构成的农村经济系统。随着农业现代化的不断推进，农村商品经济将会更加迅速发展，产业结构必然会发生重大变化，过去那种以种植业为主的传统生态农业产业结构已不合时宜。所以现代生态农业应是包容良性循环和整体协调两人内容的大农业系统。

国外是于 18—19 世纪发源、探索生态农业的。而中国的传统生态农业却早已走出自己的道路。我国是世界上从事农业生产最早的国家之一，在近代农业出现以前，我国农业在世界上一直处于领先地位。积累了丰富的农业生产经验，创造了光辉灿烂的古代农业科学技术和农学理论，形成了我国独特的农林牧结合、精耕细作、合理利用自然资源、培肥地力、保护环境、注意生态平衡的优良传统。这些宝贵的农学遗产证明我国是生态农业的发源地之一，同时也奠定了我国古代生态农业的理论基础。

第三节　生态农业与现代农业

根据农业发展历程中的经济、社会和科学技术发展水平，可以将农业发展分为原始农业、传统农业、现代农业 3 个阶段。20 世纪40 年代，美国率先实现了以机械化为主要特征的农业现代化；20世纪 60 年代，占世界耕地面积 40%、人口 24% 的工业化国家也先后实现了由传统农业向现代农业的转变。

现代农业是与传统农业相对应的一种农业形态，是以要素配置市场化、生产手段科技化、经营管理一体化、资源产出高效化、生态环境持续化为主要标志的，能够满足人类食物需要的发达农业。

第四节　生态农业与有机农业

一般说来，狭义的生态农业是指充分利用农业资源循环再生的原理，合理安排物质在系统内部的循环利用和重复利用，来代替石油能源或减少石油能源的消耗，以尽可能少的投入，生产出更多的产品，是一种高效优质农业。这种农业从经济的角度看，节约了原料和燃料，从环境的角度看，减少了污染物排放，减轻了污染。而有机农业则是指完全不用人工合成的化肥、农药、生长调节剂及饲料添加剂的农业生产方式，它尽量依靠轮作，作物秸秆还田，种植绿肥，机械中耕，施入家畜粪尿、外来的有机废弃物、含有无机养分的矿石及生物防治等方法，保持土壤的肥力和易耕性，供给作物养分，在防治病虫杂草危害的同时，避免对环境及农作物本身的危害。因此，生态农业与有机农业是两种有着不同侧重的农业生产发展方式。

第五节　生态农业的产生与发展

自第二次世界大战以来，世界农业进入"石油农业"阶段：即通过投入大量的机械、化肥、农药等换取农业的高产量。我国自20世纪70年代以来，进入"石油农业"时代。

"石油农业"极大地提高了农业劳动生产率和农产品产量，但通过投入大量矿物能源，而换取高产的农业生产却得不偿失。由于大量直接燃烧石油以及无节制地使用化肥和农药等，石油农业带来资源枯竭、能源紧张、环境污染、土壤理化性变差、肥力下降、土肥严重流失等负面影响，造成农牧业生态环境的破坏和恶性循环。有人尖锐地指出："石油农业"不管它的产量多高，经济效益多好，实际上只是抢在大灾难前面拾到一点好处而已。因此，"石油农业"只能在农业发展历史上存在一个短暂的阶段，其路子必然越走越窄。

过分依赖石油的农牧业，使地球生物化学循环受到严重干扰，已不能维持农牧业生产的繁荣。

如何充分合理地利用自然资源，保护环境和农牧业生态的稳定和持续的发展？传统农牧业解决不了的，石油农业使问题更加严峻。因此，未来农业的发展必须另辟其他途径，这就是生态农业。只有大力推进生态农牧业的研究与发展，才是正确途径。

一、生态农业的涵义与特点

生态农业就是运用生态学原理和系统科学方法，把现代科学成果与传统农业技术的精华相结合而建立起来的具有生态合理性、功能良性循环的一种农业体系（王松良等，1999）。美国土壤学家W·Albreche 于1970 年最初提出，与有机农业相比，生态农业更强调建立生态平衡和物质循环，甚至把种植业、畜牧业和农产品加工业结合起来，形成一个物质大循环系统。

生态农业具有以下几个特点。

（1）强调物质循环、物质转化。

（2）资源利用与环境保护相协调，经济效益与生态效益相统一。

（3）种、养、加相结合。

（4）最大特点。从整体出发，进行整体协调，追求整体效益。

二、我国生态农业县建设模式

（一）生态脆弱地区生态农业县的发展模式

黄河中上游、长江中上游、三北风沙地区及其他以山区、高原为主的自然经济条件较差的县域，如陕西延安、内蒙古翁牛特旗等地实行"治理与结构优化型"生态农业发展形式，主要任务是植被恢复、基本农田建设、结构调整。

（二） 生态资源优势区生态农业县的发展模式

南方交通不便，但生态资源、环境良好的经济不发达地区实行"生态保护与生态发展型"生态农业发展形式，重点开发特色产品。

（三） 农业主产区生态农业县的发展模式

商品粮、棉、油主产区，以平原为主，种养业发达，如辽宁昌图等地实行"农牧结合型加工增值模式"，以农牧结合为基础，发展农副产品加工业，建立资源高效利用型产业化生态农业技术体系。

（四） 沿海和城郊经济发达区生态农业县的发展模式

经济发达，农业产业化水平、整体技术水平高的地区，如北京大兴区、广东东莞市等地实行"技术先导精品型"生态农业发展形式，重点发展中高档优质农副产品。

第二章　我国典型生态农业模式分析

第一节　北方"四位一体"模式分析与推广

农村可再生能源高效利用是发展中国家面临的重大课题，如何解决这一问题也是各国学者共同关心的话题。

从目前我国农村能源结构来看，可再生能源占绝大部分，其中最主要的包括生物质能、太阳能、风能等。因此农村能源不仅和农业生产过程的能量流动有关，而且和物质循环过程有关，农村能源是支持系统平衡的基本物质之一，如作物秸秆、人畜粪尿中的营养成分都是构成土壤生态平衡的基本因素。农村能源资源的不合理开发利用，可直接造成农业生态破坏和不平衡。

农村可再生能源高效利用必须基于大系统的观点，把农村能源的建设与农业生态环境的改善结合起来，贯彻因地制宜、多能互补、多层次利用、经济效益与生态效益并重的原则。"四位一体"工程将为补充农村能源、合理利用自然资源、提高土地生产力、改善生态环境等问题提供有益的借鉴。特别是对于推动菜篮子工程，促进中小城镇农村经济的持续稳定发展，提高农民生活水平，加速城乡社会主义现代化建设进程具有一定的指导意义。

一、基本模式（基于北方庭院）

所谓"四位一体"是指沼气池、保护地栽培大棚蔬菜、日光温室养猪（禽）及厕所四个因子，合理配置，最终形成以太阳能、沼气为能源，以人畜粪尿为肥源，种植业（蔬菜）、养殖业（猪、鸡）相结合的保护地"四位一体"能源高效利用型复合农业生态工程（图2-1）。

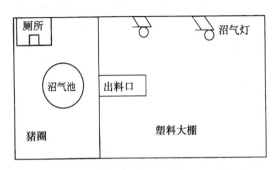

图2-1　"四位一体"基本模式

其主要功能特点：一是解决了农村生活用能（照明、炊事等）；二是猪、鸡增重快，料肉比下降，蛋鸡产蛋增加；三是生产蔬菜不仅产量高而且无污染。该种模式现在在我国北方广为推广。

其循环效能：一是猪生长快；二是猪粪为沼气产生提供原料，沼气为猪提供热量；三是保证沼气池越冬；四是沼液、沼渣为蔬菜提供优质肥料；五是沼气可为民用；六是解决了蔬菜生长中二氧化碳不足的问题。

其模式是"开发了菜园子，满足了菜篮子，丰富了菜盘子"。高度利用能源、高度利用土地资源、高度利用时间资源、高度利用饲料资源、高度利用劳动力资源，经济效益高、社会效益高、生态环境效益高。

二、模式基本设计和技术参数

（一）场地选择

场地应建在宽敞、背风向阳、没有树木或高大建筑物遮光的地方，一般选择在农户房前。总体宽度5.5~7m，长度20~40m，最长不宜超过60m，一般面积为80~200m²。工程的方位坐北朝南，东西延长，如果受限制可偏西，但不能超过 15°。对面积较小的农户，可将猪舍建在日光温室北面，在工程的一端建 15~20m² 猪舍和厕所（1m²），地下建 8~10m³ 沼气池，沼气池距农舍灶房一般不超过 15m，做到沼气池、厕所、猪舍和日光温室相连接。

（二）沼气池建设

为了提高沼气池冬季的温度，修建的沼气池必须居工程中间，防止冬季外围冰冻层侵袭，避免降低池温。

1. 沼气池池型结构

沼气池是由发酵间、水压间、贮气间、进料口、出料口、活动盖、导气管等部分组成。进料口和进料管分别设在猪禽舍的地面和地下，进料口、出料口及池盖中心点位置均在工程宽度的中心线上。为了便于日光温室蔬菜施肥和出料口释放二氧化碳，把出料间（即水压间）建在日光温室内（图 2-2、图2-3）。

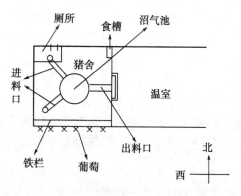

图 2-2　"四位一体"平面

2. 沼气池的发酵工艺

沼气池投料为半连续投料发酵方法，这种发酵方法兼顾了生产沼气和用肥的需要，具有很好的综合效益。

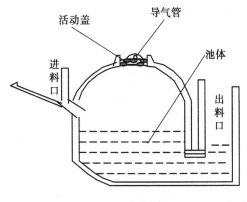

图 2-3　池体剖面

3. 沼气池的施工顺序

（1）定位定点。

①根据当地的地质水文情况，选择一个土质坚实的地方，以砂壤土为宜。如果是黏土或是砂土，则在施工时要采取一定的加固措施。

②地下水位低的场所为好，如地势低洼，地下水位高，可采取挖渗水井的办法，以保证建池质量。即在池坑挖好后，砌筑之前，将渗水井挖好。渗水井有两种，在地势较高水位较低的地方，水量小，可直接在沼气池坑底部挖渗水井；在地下水位高、水量大的地方建池，在池外挖渗水井。

③选择背风向阳的地方，有利于猪舍的冬季保温，也保证了沼气池的产气质量。

④选择距旧井、旧窖和树根远一点的地方，防止发生坍塌。

⑤离使用场所近。

具体来说，对一座坐北朝南的房子，在房屋前划一平行线，一般距房屋 4~5m，然后划出沼气池的尺寸（图 2-4）。

（2）破土施工。定好点后，就可以施工了。具体要求（以 8~

10m³沼气池为例）：池1.8m深；要有排水措施；进料口挖成45°斜槽，不用1.8m深；池底做成锅底形，并向出料口有小角度倾斜（图2-5）。

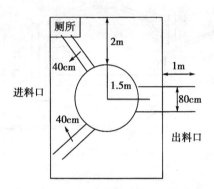

图2-4　沼气池平面尺寸

图2-5　沼气池施工要求

　　土方施工完成后用砖石砌。为了加固池底，在整个池底铺一层10cm厚的粗沙浆混凝土（用鸡蛋大小的石块或鹅卵石在池底和出料口，铺上10cm，然后在上面放一层4：1砂灰，最后用水浇灌，花1d左右时间牢固）。该10cm为池底基础。基础打好后，开始用砖砌。先找好沼气池中心位，然后选一块小的砖头，放在中心位置上作为基点，然后用半截砖围绕中心基点向外一圈一圈铺，铺几圈后再用整砖铺，直至整个池底铺满。

　　池底建好后建池壁。如土质坚实，不用太厚（6cm厚）；离开原土 3cm（作为沙漏）；每层砌完后，用 4 : 1 砂灰填平沙漏（坚固作用）；要砌成圆形。

墙砌好后，连同池底再抹一层砂灰起固定作用。同时，砌出料口，包括两侧墙和上拱盖，两侧墙要和池壁墙一起砌起。一般墙厚 12cm（砖横放）。出料口墙和池壁墙间的灰口一定要严实，最好是咬合在一起。出料口墙外侧也要留沙漏。出料口内径一般 50cm 宽即可。两侧墙砌到 6 层砖（40cm 左右）时开始砌上拱盖。

先用土把出料口填平，做成拱形，高度 24cm 左右。压实后继续用砖砌，灰口灌满砂灰。完工后，把土掏出。这样整个出料口总高度约 65cm，长度根据猪舍与温室墙厚度及出料口位置而定（图 2-6）。

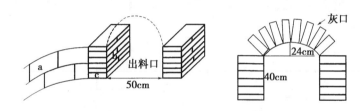

图 2-6　出料口基本形状（a、b、c 分别代表砖的长宽高）

当池壁砌二层砖后，开始砌进料口，约离地面 25cm。将已准备好的两个陶瓷管（30cm×60cm），安在斜槽内，角度 45°~50°，一端延伸到池体内 5~10cm，接口处用水泥抹实。

池壁墙砌 6~8 层后（1m 左右），开始砌池体上盖。先将砖平放砌一圈，以此每一层都向池内压 5cm 左右（每圈缩 5cm），每砌完一层，靠近砖头处用砂灰填实，然后马上用土填满踏实。每一层要形成标准的圆形。上盖砌到直径 40~50cm 时不砌，留活动盖口。用砖头砌成一圈楞，并做成上口大下口小的形状（坡形），形状要圆（可用水泥抹），最好用几根钢筋（或 8 号线）围几圈后再用小砖头或石头块等灌制而成。同时出料口建成与上盖同高。

（3）池体抹灰。池体砌完后要立即抹灰。第一遍砂灰（2:1），从上盖往下抹。一般上盖处1.5cm厚，壁墙2cm厚，池底1.5cm厚。1~2h后，打成麻面。隔1d抹第二遍砂灰（2:1）；再隔1d抹素灰（水泥不加沙子和成泥状），厚0.5cm左右，然后压光；再隔1d涮灰浆（水泥用水调成稀糊状），隔1d涮一次，涮3~4次，甚至更多。整个抹灰过程中都要注意养生，特别拐角处要细心。

（4）制作活动盖。活动盖的大小根据沼气池上盖上口留的大小而定，形状要正好与上口吻合。具体做法是：取一根直径1.5cm、长1.5m以上的无缝钢管，作导气管，可用铁丝缠几圈，加强牢固性。然后在地上挖模型，用混凝土灌制。一般活动盖底面成凹形，边厚20cm，中间厚15cm。可安装1个或2个把柄（图2-7）。整个活动盖边缘用砂灰或素灰抹圆滑。盖塑料薄膜（农膜）养生。

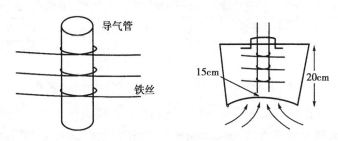

图2-7　活动盖示意

（5）沼气池的检查。沼气池建好后，能不能用，漏不漏气，在使用前要做一下检查。检查方法有：直接检查法、装水刻记法、水压检查法。这里介绍水压检查的方法。取一根无色透明胶管（2.5m左右），做成"U"字形，固定在木板上（一般长1.3m，宽20cm）。在管内灌一定量的有色水，水量大约是木板体积的一半，以两个水平面为基点作为0压线。从0压开始向上以1cm为一个刻度直划出60cm，每一刻度1个水压。表的一端可接气源，另一端水平面指示刻度即为池中气压（图 2-8）。

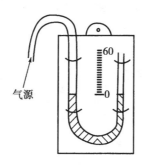

气源

图 2-8　水压表示意

把沼气池活动盖盖上，用黄泥封好。接水压表，这时池内池外气压平衡，水压表指示为 0。

从出料口向池内加水，加到一定高度，池内压力上升，水压表液面变化（右侧上升，左侧下降），右侧水面升高的刻度即为池内气压。加水，达到 50～60 个水压时，停止加水，待水压平衡后，记下刻度，过一段时间再观察压力变化情况，看是否漏水。如果压力有变化，则说明漏水。

4. 料的准备与投料

在建池的同时，要备好加入池内的发酵原料，方法是好氧堆沤。即把草类、作物秸秆等粉碎、铡短，铡成 3cm 的小段，堆放在地面上踏实，浇粪尿水，再加一层石灰水，然后盖上塑料布，使温度达 50～60℃，发酵使秸秆软化，颜色呈棕色或褐色。

秸秆软化后，含水量达 60%，再与马、羊、禽粪等混拌，继续堆沤至温度达 60～70℃（烫手）。

投料比例（参考）：马粪（湿）1 000kg，猪粪 1 000kg，人厕所粪便 1 000kg，鸡粪 250kg，青草 150kg，秸秆 100kg。

经过这样的预处理，可以缩短发酵时间，下池后的发酵原料不易上浮，有利于厌氧发酵。因此产气较快、产气较好。

投料时要把试压时的水全部抽出。加完原料后，再向里面加污水（沼气菌）。加水至沼气池容积的 2/3 ~ 3/4 处，留 1/4 ~ 1/3 空间作贮气间。要把漂浮在水面上的料搅进水下。完毕把活动盖盖严。

5. 沼气的产生和使用原理

沼气是一种混合气体，无色略带臭味，主要成分是碳氢化合物。其中，甲烷（CH_4）占 60% ~ 70%，二氧化碳（CO_2）占 25% ~ 40%，还含有少量氧（O_2）、一氧化碳（CO）、硫化氢（H_2S）。1 份甲烷和 2 份氧气混合燃烧最高温度可达 1 400℃。

（1）沼气的产生过程。沼气的产生过程分 3 个阶段（图2-9）。

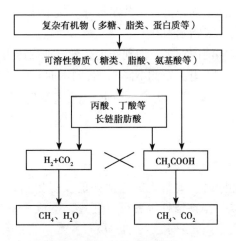

图2-9　沼气的产生过程

第一阶段水解过程：在沼气发酵中首先是发酵性细菌群利用它所分泌的胞外酶、淀粉酶、蛋白酶和脂肪酶等，对有机物进行体外酶解，也就是把畜禽粪便、作物秸秆等大分子有机物分解成能溶于水的单糖、氨基酸、甘油和脂肪酸等小分子化合物的过程。

第二阶段产酸过程：这个阶段是 3 个细菌群体的联合作用，先由发酵性细菌将水解阶段产生的小分子化合物吸收进细胞内，并将其分解为乙酸、丙酸、丁酸、氢和二氧化碳等，再由产氢产乙酸菌把发酵性细菌产生的丙酸、丁酸转化为产甲烷菌可利用的乙酸、氢和二氧化碳。另外还有耗氢产乙酸菌群，这种细菌群体利用氢和二氧化碳生成乙酸，还能代谢糖类产生乙酸，它们能转变多种有机物为乙酸。

水解阶段和产酸阶段是一个连续过程，通常称之为不产甲烷阶段，它是复杂的有机物转化成沼气的先决条件。在这个过程中，不产甲烷的细菌种类繁多、数量巨大，它们主要的作用是为产甲烷菌提供营养和为产甲烷菌创造适宜的厌氧条件，消除部分毒物。

第三阶段产气过程：在此阶段中，产甲烷细菌群，可以分为食氢产甲烷菌和食乙酸菌两大类群，已研究过的就有70多种产甲烷菌。它们利用以上不产甲烷的3种菌群所分解转化的甲酸、乙酸等简单有机物分解成甲烷和二氧化碳等，其中二氧化碳在氢气的作用下还原成甲烷。这一阶段叫产甲烷阶段，或叫产气阶段。

沼气的产生需有以下几个条件：a. 沼气池应密闭，保持无氧环境；b. 配料要适当，纤维含量多的原料（秸秆、青草等）其消化速度和产气速度慢，但产气持续期长，纤维少的原料（人、畜粪），其消化速度和产气速度快，但产气持续期短；c. 原料的氮碳比也应适当，一般以1∶25为宜；d. 原料的浓度要适当，原料太稀会降低产气量，太浓则使有机酸大量积累，使发酵受阻，原料与加水量的比例以1∶1为宜；e. 保持适宜温度，甲烷细菌的适宜温度为20~30℃，当沼气池内温度下降到8℃时，产气量迅速下降；f. 保持池内pH值7~8.5，发酵液过酸时，可加石灰或草木灰中和；g. 为促进细菌的生长、发育和防止池内表面结壳，应经常进行进料、出料和搅拌池底；h. 新建的沼气池，装料前应加入适宜的接种物以丰富发酵菌种。老沼气池的沼液是最理想的接种物，如果周围没有老沼气池，粪坑底脚的黑色沉渣、塘泥、城镇泥沟污水等也都是良好的接种物。

（2）沼气的使用原理。发酵间内产生的沼气聚集贮存在贮气间内，随着气体增多，贮气间压力增大，压迫液面下降，使右边出料口液面上升，以保证发酵间压力正常。当贮气间内沼气被利用后，贮气间压力下降，液面上升，右边出料口液面下降，保证贮气间内一定的压力。通过这种调节，可以使沼气池不至于压力过大发生爆炸，也不至于因压力过小点不着火。

（3）沼气的使用。使用沼气之前要先放净不纯的甲烷气。一般每天放一次气，连放 10~15d。这样在投料 20d 左右时就可以使用了。可用四通分别连接气源、水压表、炉具、沼气灯（图 2-10）。水压表固定在墙上，为方便，设几个开关。使用前检查一下各接头及开关处有无漏气现象。

6. 沼气肥的使用

主要指沼气渣、沼气水。沼气渣要通过沼气盖口取出，可养鱼、种蘑菇等。沼气水可用来喂猪（营养丰富，无臭味，有芳香味）。渣、水用作农家肥，肥效人，作用强，营养可直接被植物所利用。使用时要先稀释，否则会烧死植物。

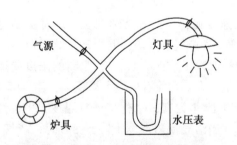

气源　　灯具　　炉具　　水压表

图 2-10　沼气的安装使用示意

7. 使用沼气注意事项

（1）注意人畜安全，沼气池的进、出料口要加盖，以防人、畜掉进去造成伤亡。

（2）严禁在沼气池出料口或导气管口点火，以避免引起火灾或造成回火致使池内气体爆炸，破坏沼气池。用气时最好不出料，以防压力小引起火苗倒吸。

（3）经常检查输气管道、开关、接头是否漏气，如果漏气要立即更换或修理，以免发生火灾。不用气时要关好开关。在厨房如嗅到臭鸡蛋味，要开门开窗并切断气源，人也要离去，待室内无味时，再检修漏气部位。

（4）在输气管道最低的位置要安装凝水瓶（积水瓶）防止冷凝水聚集冻冰，堵塞输气管道。

（5）安全入池出料和维修人员进入沼气池前，先把活动盖和进出料口盖揭开，清除池内料液，敞开口 1~2d，并向池内鼓风排出残存的沼气。再用鸡、兔等小动物试验。如没有异常现象发生，在池外监护人员监护下方能入池。入池人员，必须系好安全带。如入池后有头晕、发闷的感觉，应立即撤出池外。禁止单人操作。入池操作，可用防爆灯或电筒照明，不要用油灯、火柴或打火机等照明。

（6）做好防水工作，防止雨水等进入池内。加强日常管理，注意防寒保温。

（7）可增设搅拌装置以提高产气量，特别是在低温季节。搅拌可使池内温度均匀，增加微生物与有机物的接触，并防止浮壳的形成，有利于气体的释放。搅拌可提高产气率 15%左右。

（三）猪舍建筑

猪舍的建筑原则，是冬季增温保温，夏季降温。其技术要点有以下几方面。

（1）猪舍应建成后坡短、前坡长、起脊式圈舍，东西长度以养猪规模而定，但不少于 4m。

（2）由猪舍后坡顶向南墙脚外方延伸 1m，用木椽搭棚，起避雨遮光的作用。

（3）前坡舍顶与南棚脚之间用竹片搭成拱形支架，在冬季支架上面覆盖薄膜，南面建围墙，北面留人行道。

（4）在猪舍后墙中央距地面1.3m处留有40cm的通风窗，以便夏季通风。

（5）在日光温室与猪舍间砌筑内山墙，墙中部留出高低两个通气孔，作为氧气和二氧化碳气体的交换孔。通气口大小和数量根据养猪数量而定。

（6）在猪舍靠北墙角建1m²的厕所，厕所蹲位高出猪舍地面20cm，厕所蹲坑口与沼气池进料口相连。

（7）在猪舍地面距外山墙1m处建蝶形溢水槽兼集粪槽，猪舍地面用水泥抹成5%的坡度坡向溢水槽（猪舍地面高出自然地面20cm），溢水槽南端留有溢水通道直通外面，防止夏季雨水灌满沼气池的气箱。

（四）日光温室

1. 温室骨架设计参数

日光温室与普通温室相同，温室骨架设计采用固定荷载10kg/m²。

2. 墙体厚度

后墙及外山墙厚度50~60cm，也可采用24cm和12cm之间留空心建成复合墙体，墙体厚度大于80cm。

三、配套技术

（一）沼气池启动及运转技术

1. 准备足量的发酵原料和接种物

发酵原料是产生沼气的物质基础，发酵原料一定要含有能被沼气微生物分解利用的有机物，最常用的是人畜粪便和秸秆。刚消过毒的畜禽粪便、酸性或碱性太重的物质及有毒植物等不能进入沼气池。接种物是指含有沼气微生物的污泥等，如老沼气池内的沼渣、牛粪、沼泽污泥等。

2. 发酵原料的预处理

对消过毒的畜禽粪便应堆沤一段时间后再入池，如果以秸秆作发酵原料时，应切短和作堆沤等预处理，但由于秸秆含碳多、含氮少，所以常与含氮多的畜粪便配合使用。

3. 注水、投料

新沼气池试压成功后，使池内的注水达到池容的50%左右，然后按4%~8%的干物质浓度加入预先堆沤好的发酵原料。方法是：将预处理过的原料先倒一半入池，搅拌均匀后再倒一半接种物与原料混合均匀，照此方法，将原料和菌种在池内充分搅拌均匀。其中接种量以为发酵原料投入量的20%为宜。

4. 加水封池

发酵原料和接种物入池后，及时加水封池，最终料液量与水压箱底平即可（达到池容的85%~90%），然后加活动盖进行密封，加入沼气池的水可以用生活污水、坑塘水和井水等，但应注意不要用工业污水。

5. 放气试火

新池的发酵，由于二氧化碳等杂气含量高而甲烷含量低，故不能点燃，需放气2次左右，直到能正常点燃时，表明沼气池进入正常启动。沼气纯度可根据灶具燃烧时风门开启大小来判断，如风门开得很大，火焰燃烧仍稳定，说明沼气纯度高。

6. 定时补料

在运行过程中原料不断消耗，待沼气池产气高峰过后，便要不断补充新鲜原料，也可每天自动进料。在补料的同时，要注意出料，最好是先出后进，出多少进多少，不要进少出多，更不可出料时使液面高度低于进料口的上沿。

7. 适时搅拌

搅拌沼气池的目的是使发酵料液分布均匀，增加微生物与原料的接触，加快发酵速度，并可破坏浮渣结壳层。一般每隔7~10d搅拌一次，搅拌时可用一根前端略带弯曲的竹竿从进、出料口处向池底振荡数十次。

8. 换料

沼气池正常运行一年后可以大换料（大出料）。大换料要在池温15℃以上的季节进行，大换料前要准备足够的原料，并留下至少10%的池底污泥（沼肥）作为接种物，大换料前10~20d停止进料。

9. 日常保养

首先，沼气发酵受温度影响较大，其适宜温度应为15~25℃，温度过高或过低都会影响发酵，因此，冬季应做好沼气池的保温工作。其次，料液的酸碱度（pH值）也会影响产气，沼气发酵适宜在pH值为6.5~7.5。如果偏酸可用草木灰或清淡石灰水调节。最后，要注意不要让含有抗生素、杀虫剂等能杀死或抑制发酵微生物的物质进入沼气池，以免沼气池中毒。

（二）猪舍温度、湿度调控技术

（1）猪舍使用期间，舍内安装温度计、湿度计；猪舍内不同生长期的猪所需温度、湿度参见表2-1。

表2-1　大棚中猪饲养适宜温度、湿度

| 猪 | 适宜温度范围/℃ | 环境温度界限/℃ | | 相对湿度/% |
		低温	高温	
育成猪	15~27	0	27~30	70
成年猪	0~20	0~10	27	75

（2）当旬平均气温低于5℃时，塑料薄膜应全天封闭；旬平均气温为5~15℃时，中午前后加强通风；旬平均气温达到15℃以上时，应揭开塑料薄膜通风。

（3）气温回升时，应逐渐扩大揭开棚面积，不可一次完全揭掉塑料薄膜，以防生猪感冒。

（4）猪舍的通风换气主要是靠每天喂饲料和厕所开门来进行，当舍内湿度偏高时，可通过排气口通风换气。通风一般在中午前、后进行，通风时间以 10～20min 为宜，阴天和有风天通风时间宜短，晴天稍长。

（5）猪舍有害气体成分应控制在允许范围内，二氧化碳含量应低于 0.15%，氨气含量控制在 26mg/kg 以内。

（6）注意保温，猪舍四周和上盖要封严且不透风，冬季夜间塑料薄膜上要加盖纸被和草帘。

（三）猪舍管理和饲养技术

提高饲养密度，每个猪舍 6～10 头，及时清除猪舍粪便和残食剩水，保持清洁卫生，猪舍经常保持温暖、干净、干燥；饲养猪应采用优良品种，勤消毒猪舍，加强疾病防治，采用配合饲料和科学饲养管理综合配套技术措施。

（四）温室覆盖与保温防寒技术

（1）冬季温室后墙应培土保温，培土厚度应大于当地冻土层。采光面塑料薄膜上夜间要覆盖纸被，纸被由牛皮纸做成（3～8层），纸被上盖 1～2 层草帘子，长度应比采光屋面长 0.5m，宽1.5m，也可用棉被保温。

（2）每天适时揭苫和盖帘，采光面覆盖物揭盖时间，随季节和天气变化，在保证棚温条件下，尽可能让作物多见光。注意塑料薄膜要保持清洁，损坏处要及时修补。

（3）温室可用多层覆盖保温，利用地膜、小拱棚或保温幕。寒冷地区温室内应加设简易加温设备，以防气温突变危害作物；同时应改善土壤接受热量能力，土质应疏松，耕层要深厚，多施有机肥，使土壤黯黑，土壤含水量要适中，实行高畦或垄作。

（五）温室温度、湿度调控技术

（1）放风。可在温室顶部靠近后坡的塑料薄膜上设放风口，放风口为圆形，直径 30cm，用塑料薄膜粘成与放风口直径相等的圆筒，长 40~50cm，一端粘在放风口上，降温排湿时把袋子支起来，保温时放下支架，把另一端扎起来；在春、夏季大放风时，可在温室前部距地面 40cm 处将塑料薄膜扒缝放风。

（2）温室降湿可采用放风、滴灌、地膜覆盖以及地膜下软管灌溉技术。

（3）温室温度应达到 12~30℃，夜间最低温度不低于 5℃，湿度 60%~70%。

（4）大棚中主要蔬菜作物、生长临界温度及适宜温度、湿度的控制可参见表 2-2。

表 2-2 主要蔬菜作物、生长临界温度及适宜温度、湿度

蔬菜种类	最低温度/℃	适宜温度/℃	最高温度/℃	湿度/%
韭菜	0	12~24	24	60~70
芹菜	-4	15~20	25	60~70
黄瓜	7	25~30	40	70~90
番茄	10	20~29	35	55~75
青椒	15	20~27	35	55~70
茄子	15	22~30	35	55~70

（六）日光温室综合管理措施

（1）温室栽培作物应根据温室设备条件，选择栽培作物种类，平均极端气温不低于-25℃以及热资源较丰富的地区，秋冬及冬春茬可生产果菜和叶菜类作物，平均极端气温在 -35~-30℃寒冷地区，应加强防寒措施；冬季可生产叶菜类，早春生产果菜类作物。

（2）温室蔬菜生产宜选用高产、抗逆性强、适宜保护地栽培的蔬菜品种。

（3）温室育苗应适期播种，适期定植。

（4）加强肥水管理，及时防治病虫害，在作物生育期可随水追施沼液。

（5）其他有关技术按作物栽培要求进行。

第二节　"四级净化，五步利用"模式分析与推广

当前，畜禽饲养的环境污染问题愈来愈受到人们的关注，人们开始注重清洁生产的发展。所谓清洁生产，包括清洁的生产过程和清洁的产品两方面的内容。辽宁振兴生态集团发展有限公司（原大洼县西安生态养殖实验场）是在这方面做得比较好的一个典型。

一、区位分析

辽宁振兴生态集团发展有限公司位于辽河下游，距大洼区（原大洼县）城东南20km处，为滨海盐碱湿地生态区。年日照时数2740.2h，年平均气温8.4℃，无霜期178d，年降水量634mm，土壤肥力较高，土质为轻质盐渍化水稻土。水源充足，土地面积丰裕，自然条件适于以水生植物为净化主体的清洁生产型生态工程。

但在建场初期，猪场生产管理技术落后，每年向周围排放大量的冲洗猪舍废水，严重地污染了环境，同时精、粗、青等饲料结构不尽合理，生产效率低下。土地资源利用率不高，物质、能量在生产过程中没有进行多层次、多能级有效利用。后来在充分认识盐碱湿地特点以及自身存在的潜在优势基础上，积极探索与实践，走"四级净化，五步利用"生态养殖模式，发挥水资源优势，提高了生产力。

二、技术构成及技术参数

通过生产现状、资源优势及其可利用条件等可行性研究表明，

要提高生猪生产的总体水平，改善生态环境，避免粪便对环境的污染，提高水和饲料的利用率，关键在于建立一个包括充分利用生猪代谢物中的排泄物，降低生猪生长能耗及提高生猪饲养循环利用率，并实现无废弃物的生产。为此，确定由两个子系统构成的生猪养殖生态工程及相应的各生态经济系统。

（一）以水循环利用为主体的平面闭路生态种养系统

本系统的建立，旨在利用猪的排泄物及其相应的代谢能，即通过确立"四级净化，五步利用"的物质循环多级利用及能量传递，使之有更多产品产出（图2-11）。

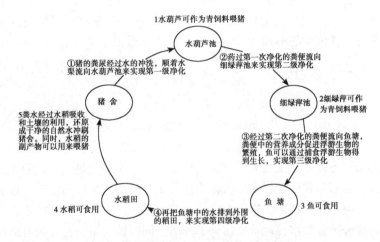

图2-11　"四级净化，五步利用"模式示意

1. 一级净化，一步利用

猪舍用井水洗刷后，粪尿水从地沟排出，其中部分固体粪便捞出作为鱼的饵料，粪尿水则进入水葫芦池（图2-12）。水葫芦具有较强的净化污水功能，在其净化污水的同时，排泄池中部分代谢能被水葫芦所吸纳，供自身生长，而水葫芦经过喂饲生猪，则其能量又被生猪生长所吸纳。猪粪水在水葫芦池里大约停留7d，其末端

有泵将一级粪水净化后泵入细绿萍池进行二级净化。

图 2-12　水葫芦池

2. 二级净化，二步利用

从水葫芦池排出的第一次净化污水再流入细绿萍池中进行二次净化，经过二级净化，有的悬浮物沉淀，有的则被分解转化。水葫芦十分喜肥，吸收利用其中大部分的氮及部分磷以后，进入细绿萍池中，细绿萍自身能固氮，主要利用剩余的磷素，两种水生植物都能大量生长。同时生猪与细绿萍之间能量传递则与水葫芦与生猪之间关系相同。但应当指出，不论水葫芦或细绿萍，两者与生猪之间的能量转换均为闭路传递。根据熵定理，水葫芦或细绿萍与生猪之间的能量转换，都将按一定速率趋于衰竭，但由于在能量转换循环中因太阳能参与，不仅使其衰竭速率延缓，而且其转换效率值可达0.5625，这说明转换效率颇高。

3. 三级净化，三步利用

经过二级净化的废水放入鱼、蚌池中，这时水中的氮磷成分已经基本耗竭，悬浮物（SS）及化学耗氧量（COD）也都达到灌溉水质标准，主要含有大量与细绿萍共生的浮游生物，成为鱼、蚌的天然饲料，据 2.67hm² 鱼塘测定，仅用三级净化废水，每亩（1 亩 ≈667m²，全书同）面积产鱼量达 200kg。

4. 四级净化，四步利用

将鱼、蚌塘中经过沉淀、曝气肥水引进稻田，由于富含水稻所需的氮、磷、钾等元素，故能肥田肥苗，促进水稻生长发育，据测定，可比对照增产 11.68%。

5. 五步利用

即灌入稻田的肥水，经过沉降、曝气，水体清澈，当水稻排水时，使之流回猪舍，再作冲洗粪尿的水。

（二）充分利用太阳能的立体种养系统

大洼区冬季有 100d 以上 -20~-10℃ 低温天气，夏季有 50d 以上高温天气，这两个时段由于严寒与酷暑的影响，致使生猪生长维持能消耗激增，因而是养猪业的两个淡季。为此，实行立体控温措施，即在猪舍前面采取规格化棚架，冬季覆以塑料布形成塑料保温大棚，据测定白天可提高猪舍温度 7~10℃（达到 15℃ 生长适宜温度）。猪舍房盖为加防水层的预制件，在舍顶修成细绿萍放养池，夏季既可以降温又随时可以捞取绿萍喂饲，春季栽植丝瓜、葡萄，入夏枝叶爬满棚架，既起到遮阴作用，又美化了环境。采取立体控温结果，效果明显。与对照比较，其效果为料肉比下降，育肥猪育肥周期缩短，增重速度快。

"四级净化，五步利用"模式循环效能如图 2-13 所示。

三、相应的配套技术

（一）猪的繁育技术

为了提高能量转换效率和经济效益，引进斯格、长白、大白、杜洛克等优质种猪，利用杂交优势改善猪群结构。选育适合中国人口味的优良种猪，进行大规模扩群饲养。

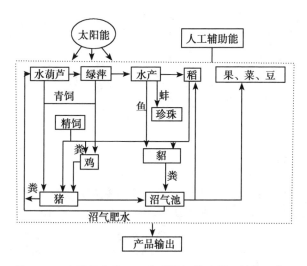

图 2-13　"四级净化，五步利用"模式循环效能示意

给予每头种猪 $5m^2$ 的独立空间，夏季每天都要给猪洗澡，而且每天要有 $1\sim2h$ 与同伴嬉戏、运动时间，充分满足猪的福利需要，使猪全程快乐生长。

该公司经有机认证后饲养的有机猪在饲养周期上长达 276d 以上，比非有机猪增加了 3 个多月的成熟期，体内营养富积更充足，肉的质量、色泽和肌肉间的脂肪沉积得更好。

（二）水葫芦种养技术

水葫芦别名凤眼莲、野荷花、水荷花，为多年生宿根草本植物，原产南美洲。其生长速度快，每亩水面年产可达 30 000kg；既是青饲料，又可做绿肥，还能净化污水，美化环境，以及用于造纸、制作纤维板、生产沼气等，是低投入、高产出、多用途的植物。在我国南方，有时会造成生态入侵式的灾害，但在北方用低温可以控制其过度生长。

1. 生长特性

水葫芦性喜温暖多湿，最适温度25~32℃；较耐高温，气温上升达39℃时，仍能正常生长；有一定抗寒力，能在5℃气温下自然越冬；喜光、耐肥又耐瘠，适应性强，不论深水、浅水，都能放养，在潮湿洼地及稻田也能生长；在水深0.3~1.0m、水质肥沃、静水或活水缓流的水面生长较好。

2. 繁殖方法

（1）有性繁殖。水葫芦在自然条件下结实率低，但部分成熟的种子可进行有性繁殖。一般是秋季采种、春季育苗。即在9—10月从健壮母株花序上查找淡黄色尚未开裂的小果，采后摊晾风干，剥去果皮，取出种子。若在盛花期的上午9：00—10：00将露出的花粉在柱头上擦触几下，可提高结实率。有温室或塑料棚的地方，在早春将选好的饱满且呈黄褐色的种子，放在25~30℃水中泡透，然后播在泥面上，保持湿润，当幼苗长出5~6片小叶，叶柄开始膨大有一定浮力时，移入水中苗床培育。待长出2~3个分株，当气温达20℃时，可移出苗床，放入肥沃水面，扩大繁殖。

（2）无性繁殖。水葫芦能横向抽出匍匐枝，其先端可形成新的分株，分株再生分株，具有很强的自然繁苗能力。每一单株每月可繁殖40~50株。10棵水葫芦在8个月内，就可繁殖到60万株，铺满0.4hm²水域表面。无性繁殖的关键，是采取适当措施保护种苗安全越冬。华南地区冬季可将种苗集中在池塘的一角，使其自然越冬。长江流域及其以北地区，应在寒露前后气温下降到10℃时，选出生长健壮、葫芦大、根多、株形紧凑、无病虫害的植株留种。

3. 放养技术

（1）放养时期。当气温上升到13℃以上，无霜冻，在越冬种株发出新叶时开始放养。

（2）放养方法。在池塘、沟渠等较小水面放养，种苗可直接散放。在鱼塘放养，要留出1/3空白水面，用绳或竹筐围栏，以利于鱼类生长，但繁殖水葫芦种苗的池塘，则不宜放养草鱼。在湖泊、水库等较大水面要圈养，将种苗放入用竹竿做成的方形或三角形筐格内，以利群聚生长，逐步扩大。在行船的河港或河道放养，则需打桩拉绳，将水葫芦拦住以防被水流冲走，并让其在堤边水面生殖，以防漂浮扩散，阻塞河道，影响防汛。

（3）水面管理。放养前期和生长后期，宜放浅水层，水深30~40cm，以利提高水温。旺盛生长期加深水层到80~100cm。放养初期生长缓慢，要及时捞除水中的青苔和杂草。水葫芦生长量大，耐肥，肥多产量高，品质优，在清瘦水面放养，应施足肥料。

（4）适量采收。放养后1~2个月，当植株生长、繁殖十分茂盛时，可开始采收。每次采收量可达全部植株数的1/4，最多不宜超过1/3。采后应将留存水面的植株均匀拨开，以便继续繁殖。在夏季每隔5~7d即可采收1次，入秋后半月采收1次，直至植株进入相对休眠期，即应停止采收，以利留种越冬。

（三）细绿萍的养殖技术

细绿萍也叫满江红、红萍、绿萍，原产于美洲。细绿萍属于满江红科蕨类植物，萍体漂浮水面，是优良水生饲料植物和著名绿肥植物。细绿萍产量特高，品质优良，饲用方便。细绿萍因环境条件不同，其生态上可有平面浮生型、斜立浮生型、直立浮生型和湿生重叠型之分，不同类型其繁殖速度、固氮能力和抗逆性能有所不同。

1. 越冬保种

我国南北各地，都要有越冬保种措施。南方冬季温暖地区，萍种可利用自然坑池，稍加保护就能安全越冬，而北方冬季寒冷地区，则要利用温室保种。各种蔬菜温室、水稻育苗温床等，都可用来保种。保种温室的温度要保持在15℃以上，水温不低于10℃，维持有微弱的生长即可。寒冷地区，温室要增设加温设备，使室温保持在20℃左右。若室内温度超过30℃时，要开窗降温。室内要经常洒水，保持湿润，无烟无尘。一般每隔20d左右，萍池就要换一次水。要缓缓流出，缓缓注入，不要搞乱萍层。在东北中部和北部，一般在10月中旬入室，次年4月上旬和中旬出室，保种期170d左右。

2. 春季扩繁

在3月下旬或4月上旬，选避风向阳池面扩大繁殖，放入种萍后用塑料薄膜蒙上，晚上用草帘覆盖保温。到4月中下旬或5月上旬，随着温度的升高便迅速繁殖。到5月中下旬，当种萍长满全池时，即可移到大的水面放养。

3. 水面放养

（1）选池或造池。细绿萍可用现有的池沼、鱼塘、沟渠、水库、蓄水池等水面放养。

只要水源充足，水层较浅而稳定，水质肥沃，积水期在90d以上的水面都能放养。没有自然水面的农户，可在靠近水源的地方造池。养2~3头猪或几十只鸡的农户，有十几平方米的水面即够用。

（2）清池和修造。利用自然水面养萍，放养前要清池，清除各种杂物并使池底平整，保持水层深浅一致。被污染的水面，要排出原水，清除淤泥，换入新水。水质瘠薄的要施足基肥。每亩施半腐熟的厩肥2~3t。

（3）放萍。在东北中部和北部，5月上旬、中旬即可放萍；在华北和华中，到4月中旬、下旬就要放萍。放萍越早，种萍对大地环境的适应越快，养萍期也长，产量也高。种萍少的，可用竹竿、草把等立桩做格，将种萍围圈在格内，利用其聚生性特点，在格内加速繁殖。长满一格再扩展至另一格，直到长满全池为止。用鱼塘养萍的农户，要在7—8月细绿萍旺盛生长期放萍，以防放萍过早，细绿萍生长繁殖慢，被鱼吃光萍种。

但要控制在不超过2/3的水面内增殖，以防密被水面，影响鱼的生长发育。

（4）管理。细绿萍是喜肥植物，要适时追肥。施用腐熟的猪、鸡粪肥，每次每亩 1t 左右。细绿萍生长期间，要每隔 10d 左右，用长枝或竹扫帚，拍打水面一次，使萍体断裂，加速生长和繁殖。

为了防止家畜喂细绿萍患寄生虫病，养萍水要求清洁，且萍池要远离厕所或猪圈，也不要施用没有腐熟好的粪肥。

第三节　南方以沼气为中心的生态养殖模式分析与推广

在我国南方各地，以沼气建设为中心，以各种农业产业为载体，以利用沼肥为技术手段，产生了多种农业生产模式，如"猪—沼—果""猪—沼—稻（麦、菜、鱼）"等。这些模式使传统农业的单一经营模式转变成链式经营模式，延长了产业链，减少了投入，提高了能量转化率和物质循环率。

在这些模式中，利用山地、农田、水面、庭院等资源，采用"沼气池、猪舍、厕所"三结合工程，围绕主导产业，因地制宜开展"三沼"（沼气、沼渣、沼液）综合利用，达到对农业资源的高效利用和生态环境建设、提高农产品质量、增加农民收入等效果。沼气用于农户日常做饭点灯，沼肥（沼渣）用于果树或其他农作物，沼液用于拌饲料喂养生猪，果园套种蔬菜和饲料作物，满足育肥猪的饲料要求。除养猪外，还包括养牛、养鸡等养殖业；除果业外，还包括粮食、蔬菜、经济作物等。以沼气为中心的生态养殖模式的作用主要表现在：一是实现了农村生活用能由烧柴到烧燃气的转变，因此保护和培植了绿色资源，为维护和恢复大自然的生态环境治理了源头；二是由于开展了沼肥综合利用技术，充分合理地利用了农业废弃物资源，在农业生产系统中，实现了能流与物流的平衡和良性循环，以及多层次利用和增值，几乎是一个闭合的生态链。

一、"猪—沼—果"生态模式

（一）基本模式组成

"猪—沼—果"一体化生态农业模式包括林业工程建设、畜牧工程建设、沼气工程建设、水利配套工程建设及其综合管理。其模式如图 2-14 所示。

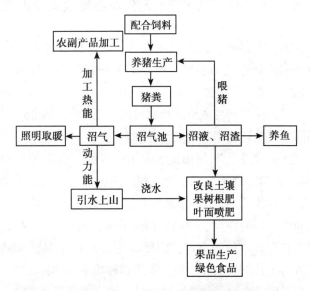

图 2-14　"猪—沼—果"一体化生态农业模式结构

1. 太阳能猪场

猪场建在山体上部、果树上方、水圈下位的南面背风向阳平坦的坡面上，猪舍坐北朝南，东西向排列。在猪舍的一端建有与猪舍走廊相通的加工贮料室、饲养人员工作室和宿舍。猪舍为单列式一面坡半敞棚建筑。单列建设 10~12 间（一栋）猪舍，生猪存栏规模为 80~100 头，年出栏生猪 150~200 头。超过 6.67hm² （100 亩）的山场，可在下阶的平面上并列建设相应规模的猪舍。猪舍地面设计要有利于排水。冬季夜间舍内温度在 8℃以上，日间舍内温度在 18℃以上；夏季要通风凉爽，郁闭度 0.7 以上。

每间猪舍跨度为 5.7m 左右，养猪圈舍面积不小于 300cm× 360cm。北墙距地面 100cm 处开设一扇 70cm×50cm 通风窗（冬季封闭）；靠北墙留 100~120cm 宽走廊通道，通道的两端设有门口。

自走廊往南依次建 100cm 高、12cm 厚的猪舍隔墙，宽 50cm、深 25cm 食槽和鸭嘴式自动饮水器，100cm 高、37cm 或 24cm 厚的南圈墙。

猪舍地面比周围地面高 30cm，北高南低，有（2∶100）~（3∶100）的坡降，15~20cm 碎石水泥基础，上为 1∶2.5 水泥防滑地面。顶棚北向滚水，由上至下依次为水泥瓦、草泥、苇帘、椽子、檩木结构。猪舍南墙与沿檩之间拉上 8 号铁丝网，冬季罩上塑料薄膜，膜的透光率不低于 0.72。采光面积与猪舍地面面积比不小于 0.7∶1。

2. 沼气工程

依据猪场规模确定池体容积大小，存栏 100 头育肥猪的太阳能猪场配建的沼气池（主体发酵池、水压间）的容积最小不应低于 30m³。生猪日产鲜粪按 3kg/（日·头）计量。入池粪便按 1∶3 比例加水，池内干物质与水的比例为 1∶9；原料地池内发酵腐熟周期为 23~40d。沼气池主体发酵池为 1/3 气容、2/3 料体。

沼气池建在猪舍内猪床的下面。主体发酵池、水压间按东西排列。沼气池的主体发酵池与水压间要求用混凝土浇筑，内径大于 350cm 时，池体拱盖部位加筑钢筋。

3. 贮肥地

贮肥池建在猪舍墙外，也可建在下阶水平沟上。贮肥池与水压间有管道相通。水压间的沼液溢口在距地面以下 20cm 处，排出的沼液自行流入贮肥池。贮肥池可用砖、石砌块，水泥砂灰抹面，在底部设一沼液排放闸门，用软管疏通。

4. 水利配套工程

蓄水池建在猪舍、林业等设施方的背风向阳处，容积为 20~30m³。蓄水池建设采取地上或半地下方式。在水泥基础上建圆形双层夹心墙体，内壁为钢筋水泥浇筑，或水泥砂浆砌体，内层套水泥砂灰，外壁为砖灰防风保温砌体，中间充填锯末等防冻保温材料；顶盖用水泥拱顶或水泥盖板，墙体上沿留一溢水管孔，低部设置进出水管道。蓄水池的引水管道、排放管道应埋在土层下边。根据需要，对养殖场和果园配置供水和灌溉系统设备。

（二）模式的管理

1. 养殖场及沼气池管理

（1）饲养畜禽坚持自繁自养的原则，按照地方畜牧兽医部门防疫规划建立无疫病养殖场，严格搞好预防性消毒、灭病工作。

（2）坚持早、中、晚 3 次清扫粪便入沼气池和冲洗圈舍。圈舍内的排粪沟最低处向墙外开设一排水口，沼气池入料口处设雨水挡板。

（3）严禁农药废水、消毒药水、酸性和碱性水流入沼气池。

（4）饲养的畜禽品种按地方政府规划和饲养管理技术规范执行。

2. 果树管理

（1）果树根部追肥。在果树生长期，结合浇水施入沼渣、沼液肥。在贮肥池内按肥水 1∶3 的比例加水，搅拌后打开排放闸门，使沼液随水顺管道向果树树盘（树塈）内自行施肥浇水。

（2）叶面喷肥。在 5—8 月，采取中层清液（沼液），用纱布过滤后，按肥水 1∶2 比例加水，5~7d 喷施 1 次。

（3）整形修剪。按规定对果树进行修剪。此外要坚持促花保果、疏花疏果、防治病虫害等常规管理。

二、"猪—沼—莲—鱼—菜"五位一体生态模式

"猪—沼—莲—鱼—菜"五位一体模式，是以土地和水资源为基础，以太阳能为动力，以设施为保障，以沼气为纽带，将种植与养殖、温室与露地、作物与水产相结合，实现积肥、产气、生活、种养同步并举。该模式以$400m^2$日光温室为基本生产单位，温室内建一个$8\sim10m^3$的沼气池，出料口位于室内，进料口留在室外所建的$10\sim15m^2$的猪舍内，冬季猪舍上部用塑膜覆盖。同时，温室前挖一个1亩的长方形"莲鱼共养池"。基本流程为：温室蔬菜及莲藕销售后剩下的残菜可喂猪，猪粪和秸秆入沼气池，经充分发酵产生的沼渣作为无菌的优质肥料可供温室和莲池肥田改土；沼气除供农户照明、炊事、取暖外，还可于冬日增补温室蔬菜二氧化碳气肥；沼液不但是蔬菜和莲藕的优质追肥和叶肥，还可以喂猪和养鱼，这样形成一个有机、完整、协调、循环的良性生态链。

三、"猪—沼—果—鱼—灯—套袋"六位一体生态模式

"猪—沼—果—鱼—灯—套袋"六位一体模式，是以种养业为龙头，以沼气建设为纽带，串联种、养、加工等产业，并开展沼气肥全程利用的综合性生态农业生产方式。生产者通过种植促进养殖业的发展，建设沼气池，利用人畜粪便、作物秸秆、生活污水等下池发酵，产生的沼气用于做饭、点灯，沼肥用于农作物施肥、喂猪、养鱼等；应用诱虫灯诱虫喂鱼，减少病虫害；同时通过果树套袋保护果实，实现高效循环利用农业资源，生产安全优质农产品。其主要做法：一是发展养猪，猪粪是整个生态产业链条的源头，是沼液的主要原料。沼液作为猪饲料的添加剂，能加快生产、缩短育肥期，提高肉料比。二是修建鱼池养鱼，以投喂商品饲料为主，结合投放沼渣、沼液和诱杀昆虫补充。三是安装诱虫灯，利用灯光诱杀害虫可减少农作物的虫害，减少农药使用量，减少对环境的污染，减少对天敌的杀伤，不会引起人畜中毒。四是发展沼气，为农

户提供清洁的生活能源。五是沼液、沼渣可用于果树种植，其中沼渣宜作为基肥深施，沼液宜作为追肥施用。六是采取果实套袋，在生长期内进行保护。

第四节　以稻田为主体的生态养殖模式分析与推广

我国自然资源特色明显，地区差异显著，各农区结合本地优势，因地制宜构建了众多农牧结合的生态农业模式。南方地区以稻田生态系统为主，发展了以水稻生产为核心的众多农牧结合模式，如稻鹅、稻鸭、稻鱼等农牧结合模式。

一、稻鹅结合模式

（一）基本模式

稻鹅结合模式主要是在我国稻作区，利用稻田冬闲季节，种植优质牧草，养殖肉鹅（四季鹅）。一般情况下，黑麦草是比较普遍的牧草品种。多数地区在水稻收割前 7~10d，将黑麦草种子套播到稻田，利用此时稻田土壤还比较湿润，利于牧草种子发芽出苗。套播能延长牧草的生育期，提高牧草产量，并提前牧草的刈割时期，提早肉鹅上市时间，增加养殖利润。肉鹅多半是圈养与放牧结合，在苗鹅时期，气温比较低，鹅的抗病能力差，牧草生长量小，苗鹅多在农田周边的鹅舍中圈养，并注意鹅舍的增温保温。农户将牧草收割回去后，切成小段，与精饲料配合喂养苗鹅。待春暖花开，气温升高并相对稳定后，则进行放牧。有计划地将稻田划分为若干区域，进行轮牧。晚上收鹅回舍，并补充一些精饲料。鹅舍边挖建一水池，供鹅活动。正常情况下，一般 1 亩稻田可饲养 50~100 只肉鹅，具体数量要看牧草生长情况，即精料补充量的多少。稻鹅结合模式，在稻麦两熟地区发展非常迅速，其典型模式为水稻套播牧草喂养肉鹅，即稻/草—鹅模式。

（二）技术关键

1. 牧草种植技术

为确保冬春肉鹅饲养所需青草，减轻劳动强度，牧草应采用套种方式，散播黑麦草 37.5~60kg/hm²。栽培要点：

（1）适时套播，提早青草采收期。根据田间土壤水分和天气状况，在水稻收割前 7~10d 将黑麦草散播在稻田中，同时施入 25kg/hm² 复合肥（氮磷钾有效成分为 15：15：15），并开好灌排水沟。

（2）及时追施起苗肥，促进早发。在水稻收割后 10~15d，结合田间灌水，追施尿素 150kg/hm²。

（3）分次收割，及时补肥。同一田块每隔 10~15d 采青草 1 次（株高 30~40cm），留茬 5~6cm，收后 2~3d 内，补施尿素 150~225kg/hm²。

2. 鹅饲养技术

提前整理鹅舍，适时引进苗鹅。在商品鹅出售完后，选晴天及时对鹅舍进行清理、日晒消毒。进鹅前，将鹅舍的保温设施安装、调整好，并对鹅的活动池、活动场进行清理，给活动池换水。在南方农区，第一批苗鹅在 12 月下旬至次年 1 月初买进，第二批苗鹅在 2 月下旬至 3 月初买进，两批相差 40~50d。冬季保温防湿，适时放养。鹅舍必须备有保温、排风设施，并同时采用简易增温设备，如煤炉烧水、热气循环增温。在苗鹅出壳 10~15d 后，视天气和鹅的体质情况，适当进行放养。苗鹅应晚放早收，雨天不放，适当补料，及时防病。在前 10d，每只每天补料 0.01kg，11~20d 为 0.02kg，31~60d 为 0.05kg，61~70d 为 0.1kg，71d 至出售时为 0.25kg。苗鹅及时注射抗小鹅瘟血清，如出现鹅霍乱，则应对鹅舍进行全面消毒，并将病鹅烧毁或深埋。适时上市，提高商品鹅的品质。

3. 系统耦合技术

稻/草—鹅生产模式是一个复合农牧系统，实现水稻、牧草种植系统与肉鹅饲养系统间的耦合至关重要，只有建立一个农牧结合的有机整体，才能获得最高效益。系统耦合的技术要点之一是合理的品种搭配。水稻品种应选用中熟优质高产品种；黑麦草选用一年生、叶片柔软、分蘖力较强、耐多次收割的四倍体品种，如国产的四倍体多花黑麦草等；肉鹅选用个体中等、生长速度较快的品种，如太湖鹅与四川隆昌鹅的杂交品种等。其次是种植进程与养殖进程的协同。水稻采用有序种植方式，后期搁田适当，并最好进行人工收割。牧草采用套种方式，并间作部分叶菜类作物，如油菜、青菜等，供苗鹅食用。鹅采用圈养方式，并分批购进，两批间相隔40~50d，以错开青草的需求时期和上市时间，提高牧草利用率和经济效益。

(三) 效益分析

1. 经济效益

稻/草—鹅模式是稻—麦两熟农区及双季稻区冬闲田的一种高效利用模式。张卫建等在江苏的试验表明，与当地的稻—麦两熟相比，尽管稻/草—鹅生产模式的耕地粮食单产比稻—麦模式低47.09%，但是稻/草—鹅模式的耕地生产率和耕地生产效益分别是稻—麦模式的2.64倍和3.94倍，其投入产出比也显著低于稻—麦模式，可见，稻/草—鹅模式具有明显的经济效益。另外，稻/草—鹅模式的经济效益显著高于稻—麦模式，主要在于改冬季种小麦为种牧草饲养肉鹅，效益递增明显。其中，冬种牧草饲养肉鹅所增效益占该模式全年新增效益的80%以上。冬种牧草与种小麦相比，减少了全年农药、除草剂的使用量，从而降低了生产成本。另外，稻/草—鹅模式可为农田提供大量优质有机肥（鹅粪及鹅舍垫料），减少了水稻的化肥用量，进一步降低了生产成本，提高了水稻产量。

2. 生态效益

稻/草—鹅模式不仅经济效益显著，而且生态综合效益也非常明显。首先在农田杂草控制效应上，江苏的试验发现，发展一轮稻/牧草种植方式后，其冬闲田杂草群体密度为 85 株/m²，而稻—麦模式后的冬闲田杂草群体密度高达 957 株/m²。可见，稻/草—鹅生产模式具有明显的杂草控制效应。同时，施行不同复种方式后，不仅杂草总量差异明显，而且杂草的群落结构差异显著。稻/牧草种植方式的冬闲田杂草群体中单子叶类杂草密度比例为 27%，而稻—麦模式冬闲田杂草中单子叶所占的比例达 72%，杂草以单子叶占绝对优势。其次，在土壤肥力维持方面，稻/牧草种植方式下，土壤总氮、有机质、速效氮、速效磷、速效钾分别比稻—麦复种方式高 23.13%、27.10%、31.25%、98.374%、46.73%。土壤肥力明显提高，主要是因为稻/草—鹅生产方式下，有大量的黑麦草根系和部分后期鲜草被翻入土壤之中，增加了土壤的有机质来源。同时，因该农牧结合模式有大量的鹅粪产生，这些有机肥均投入到这些田块之中，使土壤肥力得到明显提高。另外，从田间实地考察来看，稻/牧草复种方式下的田块，土壤富有弹性，土层疏松，这表明其土壤团粒结构、疏松度和耕层等土壤物理性状也有明显改善。

3. 社会效益

尽管稻/草—鹅生产模式的耕地粮食单产比稻—麦模式低，但稻/草—鹅生产模式所提供的食物总量明显高于稻—麦模式。如果把所饲养的肉鹅以 2∶1 饲料转化率（实际生产中的转化率还要低）折算为粮食，则稻/草—鹅生产模式的耕地粮食单产为 16 913 kg/hm²，比稻/麦模式粮食产量高 45.91%。可见，该模式粮食生产能力较强。另外，该模式的应用还将有利于我国南方稻/麦两熟地区农业生产结构的全面调整，从根本上减轻因农产品结构性过剩给政府带来的财政压力。同时，该模式每发展 0.67hm²，可吸纳

4~5个农村劳动力，如果进一步发展产后加工业，则可吸纳更多的劳动力，因此该模式还能充分利用南方农区劳动力资源，缓解农村就业问题。可见，该模式不但可明显提高农业效益，增加农民收入，而且对确保我国农村社会的稳定意义重大。

二、稻鸭共作模式

（一）基本模式

稻鸭共作系统是以稻田为条件，以种稻为中心，家鸭田间网养为纽带的人工生态工程系统。国内对稻鸭共作有共生、共育、共栖、生态种养和稻丛间家鸭野养等不同提法，其系统结构和技术规程基本类似。稻鸭共作系统的农业生物主要由肉鸭和优质水稻组成，其中肉鸭以中小役用型品种为主。役用鸭好动，抗病耐疲劳，对水田病虫草害的捕食能力强，生态环境效益突出。水稻则因地方特征而定，可以是双季稻区的早籼稻、杂交籼稻，或单季稻区的中晚稻品种。一般情况下，水稻株型紧凑，植株生长势强，抗倒伏。另外与常规稻作系统相比，稻鸭共作系统中的有益昆虫种群数量较大，有害生物种群数量小。虽然有不少学者提出在现有的稻鸭共作系统中增加诸如红萍、绿萍、鱼等生物，以丰富系统组分，提高系统整体效益，但实际应用不多。在系统营养结构上，鸭子以昆虫、水生动物、杂草和水稻枯叶为主要食物。为提高经济效益，生产上也对鸭子补充一定量的饲料。鸭子的排泄物、作物秸秆、有机肥为水稻生长提供全部所需养分，不施用化学肥料，稻鸭构成一个相互依赖、相互促进、共同生长的复合系统。

（二）技术关键

1. 系统耦合技术

我国各地实施稻鸭共作技术的步骤基本类似，一般包括田块的选择与准备、水稻和鸭子品种的选择与准备、防护网与鸭棚的准备、水稻的移栽与鸭子的投放（雏鸭的训水，放养的时间、密度）、稻鸭共作的田间管理和鸭子的饲喂、鸭子的回收和水稻的收获等主要过程。当然各地由于季节和稻作制度的不同，在种养模式的具体技术上亦略有不同。以江苏省为例，稻鸭共作田施肥措施以秸秆还田、绿肥、生物有机肥（菜饼）等基施为主；旱育秧株距20~23.3cm，行距26.7~30cm，亩栽插1.0万~1.2万穴，基本苗5万~6万，放鸭15~20只。中国水稻研究所在推广稻鸭共育技术时实行大田贩、小群体、少饲喂的稻田家鸭野养共作模式，施肥措施以一次性基施腐熟长效有机肥、复合肥为主，以中苗移栽为主，实行宽行窄株密植方式，在秧苗返青、开始分蘖时放鸭（雏鸭孵出后10~14d），亩放养12~15只。湖南省稻鸭生态种养田肥料处理实行轻氮重磷钾，一次性基施措施，亩施氮10~11kg，氮：五氧化二磷：氧化钾为1：0.5：1。水稻栽插密度，早稻每亩2.0万~2.2万穴，常规早稻基本苗12万~13万，杂交早稻8万~10万；晚稻1.8万~2.0万穴，常规晚稻基本苗10.5万~11.5万。鸭子育雏期18~20d，早稻栽后15d，中、晚稻栽后12d放入鸭子，每亩放鸭12~20只。安徽省农业科学院在推广稻鸭共作技术时确定的放鸭数量为：常规稻田每亩放养7~13只，早期栽插的水稻田则为6~7只。华南农业大学在广东省增城市的示范应用中每亩放鸭25只左右，在秧苗抛植12d左右放鸭下田。云南农业大学在昆明基地的试验中水稻栽插采用双行条栽（窄行距10cm、宽行距20cm、株距10cm），每穴3~4苗。

2. 鸭子选择、防护及鸭病预防

种鸭子的选用是稻鸭共作技术的重要组成部分。虽然我国鸭种资源丰富，但各地现有鸭品种在灵活性、杂食性、抗逆性等方面还不能真正满足稻鸭共作要求，例如东北稻区就表现出鸭子昼夜耐寒性不够。江苏省镇江市水禽研究所选育的役用鸭，稻田活动表现出色，肉质鲜嫩，但鸭子体型较小，羽毛黑色，宰杀后商品性稍差，应加强选育体型色泽更美观、功能用途更多样的专用鸭。另外，可用脉冲器来防止天敌危害，但首次投入较大，大面积应用时可省去电围栏，在稻田四周用尼龙网围好，这样可节本增效。做好鸭子的免疫和病害防治，如发现病鸭要及时处理。

3. 水稻栽插方式及农机配套

稻鸭共作生产中，考虑到鸭子在田间的活动，应扩大水稻种植的株行距，常采用较宽大的特定株行距来进行栽插，但对水稻高产稳产来说，基本苗数往往显得不够。朱克明等认为适当提高移栽密度不影响鸭子除草捕虫效果而利于获得优质高产。生产上如何协调稻鸭共作稀植要求与保持水稻高产稳产的栽插密度之间的矛盾，应针对不同水稻类型、不同生育期的品种来进行试验研究，不能一概而论。

4. 施肥制度与病虫防治

现行稻鸭共作技术一般只在基肥中施入适量的有机肥或绿肥，即使加上鸭粪还田，在水稻抽穗后往往仍出现肥力不足的现象，导致产量下降。有研究表明，鸭粪有肥田作用，但仅相当于水稻20%左右氮肥用量。同时有研究认为在不施肥条件下并未显示因养鸭而增产的情况，提出不能因运用此项技术而减少肥料施用量。施用适量有机复合肥作为稻鸭共作技术的水稻促花肥，对水稻有明显的增产作用。如果一味地强调只在基肥中多施有机肥，也会对稻田生态带来负面影响。另外，鸭能够有效清除稻田主要害虫并减轻病害发生，但对危害稻株上部的三化螟、卷叶螟防效较差，尤其在抽穗收鸭后还有 1 个多月的水稻灌浆期，难以继续发挥鸭子的除虫作用。虽有调查认为稻鸭共作的白穗率比非养鸭田降低 74.2%，但更多的结果是抽穗后水稻白穗率增多 9.3%～10.3%，严重的达到 18.4%。因此，做好稻田后期的生物防治显得尤为重要。生产上除通过种子处理防止原种带菌、调整播栽期避开螟虫危害和适当使用生物农药防治外，还可采用物理防治方法来减轻病虫危害，如采用频振式杀虫灯来防治害虫。

（三）效益分析

1. 经济效益

试验表明，发展稻鸭共作系统，改传统稻作为有机稻作，生产有机稻米和鸭产品，经济效益非常突出。浙江省对 1.5 万公顷稻鸭共作示范户统计发现，由于养鸭收入与无公害大米加价以及节省成本等，稻鸭系统的纯收入比传统稻作模式增加 3 500 元/hm^2 以上。在湖南省长沙市秀龙米业公司示范推广稻鸭共作系统所生产的农产品，大米在普通优质米基础上加价 5%～10%，生态鸭、生态蛋比普通鸭、蛋价高 20% 以上，平均纯收入增加 2 000 元/hm^2 左右。发展稻鸭共作模式，有利于提高农业效益和农民收入。

2. 生态效益

稻鸭共作系统的生态效益主要表现在对病虫草害防治、土壤质量保持和农田环境保育上，尤其是对田间杂草的防治，效果显著。现有试验均表明，鸭喜欢吃禾本科以外的水生杂草，再加上田间活动产生浑水控草作用，稻鸭共作除在少数田块少数稻丛间有少量稗草出现外，对其他杂草有 90% 以上的防效，显著高于化学除草效应。江苏省镇江市稻鸭共作区水田杂草控制率在 99% 以上，其中鸭子活动产生的浑水控草效果也达 75% 以上。湖南省的调查结果显示，早稻田杂草减少 95% 以上，晚稻田杂草减少 65% 以上。同时，稻鸭共作的除虫防病效果也比较显著，能消灭稻飞虱、稻叶蝉、稻象甲、福寿螺等。另外，稻鸭共作对土壤改良和增肥效果也非常明显。鸭在田间活动，具有很好的中耕和浑水效果，能疏松土壤，促进土壤气体交换，提高土壤通透性。鸭的排泄物具有显著的增肥培土效应，1 只鸭排泄在稻田的粪便约为 10kg，所含的养分相当于氮 47g、五氧化二磷 70g、氧化钾 31g，等于 50m^2 水稻所需的氮、磷和钾的需求量。可见，稻鸭共作可大大减少除草剂、农药、化肥等用量，对稻田生态环境健康非常有利。

3. 社会效益

首先，将家鸭饲养纳入水田有机种植系统之中，可提高农产品的供应量，丰富人民的食物结构，提高食物安全的保障水平。据中国水稻研究所的试验结果，通过发展稻鸭共作模式，在确保水稻单产不变甚至有所提高的基础上，可产出 $300\sim400kg/hm^2$ 左右的家鸭。江苏省镇江市几年的实践也表明，不计算鸭蛋的产量，稻鸭模式也可生产肉鸭 $250\sim300kg/hm^2$。其次，将家鸭饲养纳入有机优质稻米生产系统后，不仅可以促进水田种植结构的调整，而且也可扩大农区家禽饲养量，节省饲料用粮，进而有利于调整农区以生猪饲养占绝对优势的畜牧业结构。而且，稻鸭模式的发展及其产后加工链的跟进，也有利于农村剩余劳动力的安排。试验和调研表明，发展 $1hm^2$ 稻鸭共作模式，就可多安排 $2\sim3$ 个农村劳动力，如果再进一步发展农产品加工，则可安排更多的劳动力。稻鸭共作模式的发展可以加快农业产业化进程，促进农民生产意识的转变与提升。

三、稻鱼共作模式

（一）基本模式

稻田养鱼在中国有长期传统，早在三国时代（公元 220 年左右）已有稻田养鱼的文件记载。新中国成立初期，我国西南地区和华南山区及几个高原省份（主要是四川、贵州、湖南、江西与浙江），由于缺少溪流和湖泊，就利用稻田来养鱼，以满足其对鱼产品的需要，稻田养鱼已是这些地方的传统生产模式。现在稻田养鱼地区已扩展到包括华北甚至黑龙江在内的 20 多个省和地区。生产模式也从传统的单一层面的粗放养殖转变到高堤深沟、垅上种稻、沟中养鱼；从冬休田的单一养鱼转变到菜、稻—鱼、麦—稻—鱼和稻—晚稻—鱼的轮作；以及从单一品种（鲤鱼）转变到包括草鱼、罗非鱼、鲇鱼等。近年来，一些特种水产养殖如螃蟹、虾、泥鳅和黄鳝等，也与水稻种植相结合，构建成多样化的稻田养殖系统。

在水稻和鱼所形成的生态系统里，杂草与鱼之间存在着竞争关系，稻与鱼之间存在着共生关系。在水稻生长季节把鱼种放养在稻田里，鱼食田里的杂草，而稻秧则由于食物大小不适口而完整地保留下来，从而减轻了杂草与水稻之间对光照、空间和养料的竞争。田里的害虫由于鱼的捕食而得到控制。稻田里的浮游植物、浮游动物、底栖无脊椎动物和有机碎屑可充当鱼的天然饵料生物。同时，水稻为鱼提供了可以躲避阳光直接照射的藏身之地，鱼的呼吸所产生的二氧化碳丰富了田里水中的碳贮备，增加了田里浮游植物和水稻的光合作用活力。水稻田里鱼的排泄物和死亡的有机体成为水稻的肥料，鱼的运动和摄食活动起到疏松土壤结构的作用，有利于水稻吸收养料。这些作用的总和，使人们在收获鱼产品之外，稻谷也获增产。

（二）关键技术

1. 稻鱼模式

首先，应重视稻田的准备工作。选择阳光、水源充足、排灌方便、不受旱涝影响的稻田为稻鱼结合模式的种养稻田。加高加宽田埂，开挖鱼坑、鱼沟，结合春季整地，分次将田埂加高到 0.3～0.4m，在进水口田埂边缘处开挖深 1.2m、面积约占四面 4%～5% 的坑塘，坑壁用木板、竹片加固，坑塘和大田之间筑一小埂。栽秧返青后，根据田块大小开挖"十""井""田"字等形状鱼沟，鱼沟宽、深各 0.35～0.4m，要做到坑沟相通，移出的禾苗移栽到沟两边。田埂上种田埂豆，坑塘上搭棚种瓜，这样有利于鱼苗过夏，又能增加收入。在进出水口要安置拦鱼栅，拦鱼栅可用竹篾、铁丝编制而成，空隙为 0.5cm，栅栏顶部要求高出田埂 0.2m 左右，底部要插入稻田 0.3m。其次，要注意鱼苗的放养，放养前必须将坑塘中淤泥挖出回田，堵塞漏洞。加固鱼坑四壁。鱼种投放前 8d，坑塘每立方米水体按 0.2kg 生石灰对水泼洒消毒。2—3 月，根据稻田及鱼种供应条件，每亩放 13.3～20cm 草鱼 120 尾，10～13.3cm 鲤鱼 80 尾，6.7～10cm 鲫鱼 80 尾。6月中旬再套养草鱼夏花 600 尾，鲤鱼夏花 200 尾，作为来年的鱼种。放养鱼种要保证质量，要求体质健壮，下塘前用 2%～3% 的食盐水浸洗 5min。早稻栽前后，每亩放入细绿萍、小叶萍等 50～100kg，多品种放养，可以为鱼提供饲料。再次，水稻品种应选用分蘖力强、生产性能好的品种。早稻品种每亩插 2.4 万穴左右，保证基本苗 10 万～12 万；晚稻插 1.9 万穴左右，保证基本苗 6 万。最后，在田间管理上，应科学管水，要根据稻、鱼需要，适时调节水深。从移栽到分蘖，一般保持 6cm 水深；从分蘖到孕穗拔节，一般逐渐将水深提高到 10cm 左右。4—6月每周换一次水，7—8月每周换 2～3 次水，9月每 5～10d 换一次水，每次换水 1/4 左右。巧施肥，为确保鱼类安全，施肥要按照基肥重施农家肥、追肥巧施化肥的原则。鱼的饲料以萍为主，兼食田间杂草及水生动物等，并可适当补投一些精料。在大田插秧、施用化肥、农药及烤田时，应先将田水放浅，把鱼赶入沟塘中。注意鱼病和水稻病虫害的防治，尤其要注意在水稻病虫害防治时，不要对鱼产生毒害。

2. 永久性稻鱼工程技术

首先应开挖坑塘，加高加宽田埂。坑塘是鱼类栖息、生活和强化培育的主要场所，是稻田养鱼高产稳产的基础。可根据田块实际情况设置，一般设在靠近灌溉渠方向，以方便常年流水养殖；或设在周边，方便开挖土方，以缩短加高加宽田埂的运距。坑塘的面积应占大田面积 10%～12%，深度要求 1.5～2m，在此范围内越大越好，越深越佳。坑塘的形状有椭圆形、长方形、梯形等，以椭圆形流水为最畅，无死角；为了减轻坑塘开挖的工程量，建议采用"回"字形结构，外口离田面深 0.8m，内口离外口底深 0.8～1.2m。坑塘距离外田埂至少 1m 以上，以防止田水渗漏。开挖坑塘的土方挑至该田块的田埂四周，用以加高加宽田埂之用。其次，要浆砌塘壁，建造永久鱼凼。坑塘池壁固定材料选用砖或块石，浆砌材料选用水泥或石灰混合水泥，沙浆比例为水泥∶石灰∶粗沙＝1∶1∶8。基础应低于池底15~20cm。塘壁若采用石砌，横断面为梯形，上窄下宽，底宽30cm，上宽25cm，迎水坡度1∶（0.2~0.3），背水坡垂直，若采用砖砌则用24cm直墙，同时每隔1.5m加设一"T"字形砖（石）柱，使其整体牢固。池壁粉刷厚度0.2~0.3cm，砂浆比例为水泥∶石灰∶细沙＝1∶1∶7。待浆砌48h后，将壁隙用土回填，并夯实。然后，就地取材，装设进排水管（槽）。进水管长度以从灌溉渠至伸进坑塘0.8~1m为宜，直径因田块坑塘大小而异，可选择6~10cm的塑料水管或木水槽均可。在灌溉渠边设置一个简易小过滤池，用筛绢或纱窗做成一个可开口的方形网箱，再在网箱一边开设一个圆孔，直径与进水管相当，并用纱窗或筛绢缝制成管状绑套住进水管，以防止野杂鱼与敌害生物及其虫卵顺水入池。排水槽设在坑塘与大田大鱼沟连接处，槽闸形状成凹形，便于强化培育期间及农事时节围养时加高水位之用，槽闸底与大田大鱼沟底平，一般低于田块0.3~0.5m，槽闸底用水泥砂浆抹面。养殖期间，一般用2块木板作闸门，将槽闸封牢，高度视养殖所需而灵活掌握。为了防洪及排田水，还应在大田另一端加设1个或数个排水口，并设置间距0.2~0.3cm的拱形拦鱼栅。最后，要因地制宜，植瓜果搭棚架。在坑塘的西北侧，按每隔2m的距离立一高1.5~1.8m的竖桩，并在上面用木（竹）条搭成棚架。在西北空地上种植葡萄、猕猴桃或种植南瓜、冬瓜等藤类植物，不但在夏秋可以给鱼遮阴，还可获得较高的经济效益。坑塘边闲地及四周田埂可种植鱼草、田埂豆、薏米、蔬菜或其他经济作物。

3. 稻蟹共作技术

在水稻栽培技术上，养蟹稻田要适时早栽、早管，促进水稻早生快发，尽快达到亩收获基数，为早放蟹苗，增加稻蟹共生创造条件。首先，养蟹稻田应选择灌排方便、水质清新、地势平坦、保水性好、盐碱较轻、无污染的田块。在蟹田平整后，距四周埝埂1m处挖深0.4m、宽1.0m的环沟，埝埂要坚实，高0.5m，顶宽

0.5m，内坡最好用纱布护坡或埋农膜防逃，并选择叶片直立型、茎秆粗壮、抗病抗倒的紧穗型水稻品种。在提早泡田整地的基础上，根据季节按期插（抛）完秧。其密度为 30cm×13cm 至 30cm×17cm，每隔 5 行空 1 行，其苗分栽于该行两侧。田施农肥 1 500kg 与过磷酸钙 40kg 及 40% 的氮肥做基肥，其余氮肥要在水稻返青见蘖时及时早追入。放蟹后，原则上不再追施化肥，必要时可追补少量的尿素，每亩一次追肥不能超过 5kg。养蟹稻田除草应选择残效期短、毒性低的肥料，以消灭挺水杂草（如稗草）为主的农药，药量宜小。如劳力充足，可不用药，在放蟹苗前人工除稗 1 次，将超出水面杂草除掉，其余可做河蟹饵料。放蟹苗前，稻田主要采取浅水灌溉的方法，促进水稻分蘖。放蟹苗时，要排净稻田陈水，换一次新水。投苗后只能灌水，不能撤干水，水层保持 10cm 以上，经常换水，从泡田开始，稻田灌水需要加网袋以防蟹逃跑。其次在河蟹放养技术上，采用工厂化育苗设施，育苗室为玻璃钢瓦或塑料大棚厂房，水泥培育池，池呈方形，面积 15 ~ 30m^2，深 1.5 ~ 2.0m，采用锅炉加温。进行亲蟹的选备与促产，可以早春从河口海边收购天然抱卵蟹，或秋季收购淡水成熟蟹，进行人工交配促产。亲蟹经消毒处理后，雌雄分开，在室外土池淡水强化喂养一段时间。当水温达 12~14℃ 时，将雌雄亲蟹放在一起，注入海水，使盐度逐步提高，最后与纯海水相同，经过 7d 左右交配产卵，即可获得抱卵蟹。在幼蟹放养技术上，蟹苗要在水稻本田各项作业基本结束以后，才能放入稻田，一般从孵化蟹苗到水田作业结束需 20~30d。水稻插后稻田中农药和化肥残效期过去之后，即可放苗。放苗时，先将暂养池内水排浅，然后将暂养池与稻田之间埝埂挖开，蟹苗就可逆水流进入田间。放苗前，稻田四周要围好防逃墙，消灭青蛙、野鱼、老鼠等敌害。幼蟹进入田间以后，如果田间无任何杂草，可投放绿萍等水草，并适量投喂豆饼、玉米饼等饵料。中后期以沉水植物、鲜嫩水草为主，必须满足供应。距水源较近处挖深 1.5~2.0m 越冬池塘，每亩可放苗 300~400kg。水稻成熟以后，采取循环灌排水的办法网捕幼蟹（扣蟹），也可以在防逃墙角挖坑安装水桶抓捕，捕后分规格放入越冬池内存储越冬待销。注意蟹种选择，应选购规格较大、每千克 60~80 只、整齐一致、肢体健全、活力强壮的一龄性未成熟幼蟹，经药剂消毒后放入稻田。科学确定放养密度，粗养（不投饵）每亩放苗 100~200 只，精养（投喂）每亩放幼蟹 600~1 000 只。科学投喂饵料，以人工合成饵料为主，辅以绿萍和其他鲜嫩水草及杂鱼、虾等动物性饵料，必须供应充足。适当消毒补钙，在养殖期间，每隔半月沿田内环沟泼洒生石灰液，每亩 2~3kg。

（三）效益分析

稻鱼模式可使稻谷增产，减少化肥和农药的使用，增加农民经济收入。

在生态效益方面，稻为鱼增氧、调温、供食，鱼为稻除草、杀虫、施肥，相互构建了良好的生态互利关系。同时，它几乎不使用除草剂和杀虫剂，这样使垄稻沟鱼所产的稻米和鲜鱼中农药残留量大为减少。

在社会效益方面，该模式可以显著增加总养殖水面，从而增加鱼类蛋白总量。$1hm^2$ 垄稻沟鱼可产生有效养殖水面 $0.4hm^2$，按每公顷平均产鱼 720kg 计，共可产鱼 288kg。还可以促使剩余劳动力转化，增加农村剩余劳动力转化总量，$1hm^2$ 垄稻沟鱼比常规种稻可多转化剩余劳动力 150 个工日。

第五节 以渔业为主体的生态养殖模式分析与推广

以渔业养殖为主导，综合运用生态环境保护新技术以及资源节约高效利用技术，注重生产环境的改善和生物多样性的保护，实现农业经济活动向生态化转向。

一、渔牧结合模式

渔牧结合模式是畜禽养殖与水产养殖的结合，主要有鱼、畜（猪、牛、羊等），鱼、禽（鸭、鸡、鹅等），鱼、畜、禽综合经营等类型，都是各地较为普遍的做法。在池边或池塘附近建猪舍、牛房或鸭棚、鸡棚，饲养猪、奶牛（或肉用牛、役用牛）、鸭（鹅）、鸡等。利用畜、禽的废弃物——粪尿和残剩饲料作为鱼池的肥料和饵料，使养鱼和畜、禽饲养共同发展。在鱼、畜、禽结合中，有的还采取畜、禽粪尿的循环再利用，如将鸡粪作猪的饲料，再用猪粪养鱼，以节约养猪的精饲料，降低生产成本；或进一步将鸡粪经过简单除臭、消毒处理，作为配合饲料成分，重复喂鸡（或喂鱼），鸡粪再喂猪。以鱼鸭结合为例，一般以每公顷水面载禽量 1 500 只，建棚 225m^2 为宜。每周将地面上的鸭粪清扫入池，每隔 30~45d 更换一次鸭的活动场所。鸭粪与其他粪肥一样，入水后能促使浮游生物大量繁殖。一般每个农户规模为养鸭 800~1 500 只，养鱼 0.5~1hm^2。鱼鸭混养，每亩多收鱼 150kg，产鸭 100 多只。在利用鱼、鸡、猪三者相结合时，一般每公顷鱼池配养 2 250~3 000 只鸡，45~60 头猪。

二、渔牧农综合模式

将渔、农和渔、牧的形式结合起来，以进一步加强水、陆相互作用和废弃物的循环利用，主要有鱼、畜（猪、牛、羊等一种或数种）、草（或菜），鱼、畜、禽（鸭、鸡或鹅）、草（或菜），鱼、桑蚕综合经营等类型。前两种类型在各地较为普遍，都是以草或菜喂鱼、畜和禽，畜、禽粪尿和塘泥作饲料地或菜地的肥料，部分粪尿下塘肥水，或进行更多层次的综合利用，例如牛—菇—蚓—鸭—鱼类型，利用奶牛粪种蘑菇、养鱼，蘑菇采收后的土用来培养蚯蚓，蚯蚓养鸭，鸭粪再养鱼。鱼、桑、蚕类型因要求的条件较高，故分布不及前两种普遍，过去主要集中在珠江三角洲和太湖流域，目前分布区域有所扩展。这种类型广东称"桑基鱼塘"，堤面种桑，桑叶喂蚕，蚕沙养鱼或部分肥桑，塘泥肥桑，桑田的肥分部分随降水又返回池塘，这样往复循环不息。

三、生态渔业模式

(一) 鱼的分层放养

分层立体养鱼主要是利用鱼类的不同食性和栖息习性进行立体混养或套养。在水域中按鱼类的食性分为上层鱼、中层鱼、下层鱼，鲢鱼、鳙鱼以浮游植物和浮游动物为食，栖息于水体的上层；草鱼、鳊鱼、鲂鱼主要吃草类，如浮萍、水草、陆草、蔬菜和菜叶等，居水体中层；鲤鱼、鲫鱼吃底栖动物和有机碎屑等杂物，耐低氧，居水体底层。通过这种混合养殖，可充分利用水体空间和饲料资源，充分发挥不同鱼类之间的互利作用，促进鱼类的生长。应用这种方法时应注意，在同一个水层一般只适宜选择一种鱼类。此外，池塘条件与混养密度、搭配比例和养鱼方式要相适应。

鱼的立体养殖一般可选1~2种鱼作为主要养殖对象，称"主题鱼"，放养比例较大；其他鱼种搭配放养，称"配养鱼"。根据当地自然经济条件、饲料、肥料、鱼种的来源和养殖主要目的等内容确定主体鱼的鱼种（表2-3）。

表2-3　主要鱼类混养的搭配比例和鱼种的放养密度

地区	水质类型	混养搭配比例/%					放养密度/（尾/亩）		
		草鱼	鲢鱼	鳙鱼	鲤鱼	青鱼	肥水池	瘦水池	浅水池
福州	肥水	40	40	15	10~15	3~5	500~600	300~400	200~250
	瘦水	60	30	10	10				
闽南	肥水	15	50	25	5		300~400	200~250	150~200
	瘦水	25	50	20	5				

（续表）

地区	水质类型	混养搭配比例/%					放养密度/（尾/亩）		
		草鱼	鲢鱼	鳙鱼	鲤鱼	青鱼	肥水池	瘦水池	浅水池
闽西	肥水	35	40	20	5		300~350	150~250	120~150
	瘦水	50	25	20	5				
闽北	肥水	50	30	10	5	5	250~300	150~250	120~150
	瘦水	60	20	15	5				

注：1. 肥水塘指水的透明度在 25cm 以上，瘦水池是指水的透明度在 35cm 以下。

2. 肥、瘦水池水深为 1.5~1.8m，浅水池水深为 0.8~1m。

（二）鱼的轮养、套养

珠江三角洲地区的鱼类养殖，多采用分级轮养和套养相结合，以适应在大面积养殖中，能及时有充足的鱼类上市。采用"一次放足，分期捕捞，捕大留小"，或是"多次放养，分期捕捞，捕大补小"。轮养与套养大体有 3 种类型。

（1）春季一次放足大小不同规格的鱼种，然后分期分批捕捞，使鱼塘保持合理的贮存量。这种形式的养殖主要是鲩鱼和鳙鱼。

（2）同一规格的鱼种，多次放养，多次收获，使鱼塘的捕出和放入鱼种尾数基本平衡。这种形式适用于放养规格大、养殖周期短的鳙鱼、鲢鱼（每年轮捕轮放 3~5 次）。

（3）同一规格的鱼种，春季放完，到冬季干塘时才收获一次，但由于饲养过程个体生长参差不齐，部分可以提早上市，因而该部分可以多次收获。这种形式以鲤、鳊、鲫等为主要对象。

（三）鱼蚌混养

在传统水产养殖的基础上，利用水质良好的中等肥度鱼塘、河沟或水库，吊养（或笼养）三角帆蚌，在不影响鱼类生长活动的前提下，增加珍珠的收入。一般鱼塘结合育珠，平均每亩一年可收珠 0.5~1kg，净收入 900~1 500 元，江、浙、鄂、皖一带鱼蚌混养育珠，收入相当可观。山东聊城市水产局进行鱼蚌混养，在同一水域不同水层放养草、鲢、鳙、鲤等鱼种，在上层水层吊养接种珍珠后的皱纹冠蚌，合理搭配杂食性鱼与滤食性鱼。

（四）鱼鳗混养

选择池堤结实、堤坝较高、防洪设施较好的鱼塘，在养殖鲢鱼、草鱼、罗非鱼、青鱼的同时混养河鳗，单产可提高 5.3%，产值增长约 40%，商品鱼规格高，质量较好。

（五）水生植物—鱼围养人工复合生态系统

传统的水面网围养鱼，由于采取高密度放养和大量投饵外源性饵料的运作方式，因而，鱼类的排泄物和残饵量大量增加，造成了资源的浪费和水质的污染。所以在养鱼区外围布设一定宽度的水生植物种植区，选择既能为鱼类提供优质饵料，又能净化水质的水生植物（如伊乐藻）繁殖。这样养鱼区所产生的氮、磷等有机物随水流通过水生植物种植区时，为伊乐藻等水生植物所吸收和同化，然后将收割的水生植物作为饵料再投入养鱼区，如此循环往复，从而建立起从水体中的营养物质（鱼类排泄物和残饵中的氮、磷经微生物分解和转化）—伊乐藻等水生植物（吸收和利用）—鱼类（用作饵料）的生态模式，以达到良性循环。

（六）愚公湖（洪湖–子湖）生态渔业模式

愚公湖位于洪湖东南角，面积近 2 000 亩，形状近似梯形。1976 年建堤，曾两次用于养鱼，以后均因调蓄时被洪水淹没而失败，最后被迫放弃，荒废达十年之久。残留土堤的堤面高程平均23.8m，湖底最低高程22.8m，平均23.2m。冬、春季节最低水位时，平均水深仅0.5m。

愚公湖的拦网养鱼模式属于湖湾拦网养殖类型，即筑土堤以蓄水，布网以拦鱼。它是在人工控制下，按照生态学原则，进行半开发式的渔业生产。由于子湖水体与大湖水体相通，采用拦网养鱼方式，可以保证子湖在高水位时能分流蓄洪，在低水位时能照常养鱼。

首先是合理控制草食性鱼类的放养密度。愚公湖水草茂盛，水体理化条件良好，加上洪湖大湖面水草资源丰富，能够向愚公湖提供大量的青饲料，因而愚公湖适宜主养草鱼和少量的团头鲂等草食性鱼类。经过几年的实践表明，要保持湖泊良好的生态环境，而且又能获得良好的和持续稳定的经济效益，必须合理地控制和及时调整草食性鱼类放养密度。

其次是确定放养鱼类的种群结构。根据几年的试验和测算，每2~2.5尾草鱼排出的粪便所转化的浮游生物量，可供给1尾滤食性鱼生长所需，从而推算出草鱼与滤食性鱼的放养比例约为70∶30或2.3∶1。这样，既能充分发挥生态效益，又能降低生产成本。

在采用拦网养鱼以前，愚公湖水草丛生，一片荒凉，是荒芜多年的沼泽地。采用拦网养鱼后，水草急剧减少，水体氮、磷含量均未超过富营养标准，水质也明显好于附近的金潭湖和精养鱼池。

第三章　生态种植技术

第一节　因土种植技术

作物因土种植技术是指按照作物对土壤水分、养分、质地、酸碱度及含盐度等的适应性科学安排作物种植的一种技术。

一、作物对水分的适应性

不同的作物在生长过程中，需要的水分不同。根据作物对水分的需求量，可以分为以下几种类型。

（一）喜水耐涝型

喜水耐涝型作物喜淹水或应在沼泽低洼地生长，在根、茎、叶中均有通气组织，如水稻。

（二）喜湿润型

喜湿润型作物在生长期间需水较多，喜土壤或空气湿度较高，如陆稻、蓖麻、黄麻、烟草、大麻、蚕豆、荞麦、马铃薯、油菜、胡麻及许多蔬菜。

（三）中间水分型

中间水分型作物既不耐旱也不耐涝，或前期较耐旱，中后期需水较多。在干旱少雨的地方虽然也可生长，但产量不高不稳，如小麦、玉米、棉花、大豆等。

（四）耐旱怕涝型

许多作物具有耐旱特性，如糜子、谷子、苜蓿、芸芥、扁豆、大麻子、黑麦、向日葵、芝麻、花生、黑豆、绿豆、蓖麻等。

(五) 耐旱耐涝型

耐旱耐涝型作物既耐旱又耐涝，适应性很强，在水利条件较差的易旱地和低洼地都可种植，并可获得一定产量，如高粱、田菁、草木樨等。

二、作物对土壤肥力的适应性

土壤的瘠薄与肥沃是作物布局经常遇到的问题，不同作物对土壤养分的适应能力有显著差别。根据作物对土壤肥瘦适应性的不同，可分为以下几种类型。

(一) 耐瘠型

耐瘠型作物是指能适应在瘠薄地上生长。这类作物主要有3种。一是具有固氮能力的豆科作物，如绿豆、豌豆及豆科绿肥（苜蓿、紫云英等）；二是根系强大、吸肥能力强的作物，如高粱、向日葵、荞麦、黑麦等；三是需肥较少的作物，如谷、糜、大麦、燕麦、胡麻等。

(二) 喜肥型

这类生物根系强大，吸肥多；或要求土壤耕层厚、供肥能力强，如小麦、玉米、棉花、杂交稻、蔬菜等。

(三) 中间型

这些作物需肥幅度较宽，适应性较广。在瘠薄土壤中能生长，在肥沃土壤中生长更好。如籼型水稻、谷子等。

三、对土壤质地的适应性

土壤质地是土壤物理性状的一个重要特性，它影响到土壤水分、空气、根系发育及耕性，也影响到保水保肥的能力。

不同作物对不同的土壤质地适应性是不同的，大致可分为以下几种类型。

（一）适沙土型

沙土质地疏松，总孔隙度虽小，但非毛管孔隙大，持水量小，蒸发量大，升温降温较快，昼夜温差大。蓄水保肥性差，肥力较低。凡是在土中生长的果实或块茎块根类作物对沙性土壤有特殊的适应性，如花生、甘薯、马铃薯等。另外，西瓜、苜蓿、沙打旺、红豆草、草木樨、桃、葡萄、大枣、大豆等对沙土地较适应。

（二）适黏土型

黏土保肥保水能力强，但通透性不良，耕作难度大。适宜种植水稻，小麦、玉米、高粱、大豆、豌豆、蚕豆也适宜在偏黏的土壤上生长。

（三）适壤土型

多数农作物都适宜在土壤上种植，如棉花、小麦、玉米、谷子、大豆、亚麻、烟草、萝卜等。

四、作物对土壤酸碱度和含盐量的适应性

因土壤酸碱度和含盐量的不同，适应的作物有如下几种。

（一）宜酸性作物

在 pH 值 5.5~6 的酸性土壤中，适宜的作物有：黑麦、荞麦、燕麦、马铃薯、甘蓝、小花生、油菜、烟草、芝麻、绿豆、豇豆、木薯、羽扇豆、茶树、紫云英等。

（二）宜中性作物

pH 值 6.2~6.9 的中性土壤一般各种作物皆宜。

（三）宜碱性作物

在 pH 值>7.5 的土壤中适宜生长的作物有：苜蓿、棉花、甜菜、荇子、草木樨、枸杞、高粱。

（四）耐强盐渍化作物

如向日葵、蓖麻、高粱、苜蓿、草木樨、紫穗槐、荇子等。

（五）耐中等盐渍化作物

如水稻、棉花、黑麦、油菜、黑豆等。

（六）不耐盐渍化作物

如糜、谷、小麦、大麦、甘薯、马铃薯、燕麦、蚕豆等。

五、地貌对作物布局的影响

我国地貌十分复杂，有"七山二水一分田"之说。地貌的差别影响到光、热、水、土、肥的重新分配，从而影响到作物的分布和种植。

（一）地热对作物布局的影响

集中表现在作物分布的垂直地带性上。随着地势的升高，温度下降、降水增多。气候的变化势必对作物种植类型产生影响。

（二）地形对作物布局的影响

地形主要是指地表形状及其所处位置。在山区，阴坡与阳坡对作物布局影响很大。在作物配置时，阳坡应多种喜光耐旱的糜、甘薯、扁豆等作物；阴坡应多种耐阴喜湿润的马铃薯、黑麦、荞麦、莜麦、油菜等作物。

第二节　立体种植技术

一、立体种植的概念和类型

（一）立体种植的概念

立体种植是指在一定的条件下，充分利用多种农作物不同生育期的时间差，不同作物的根系在土壤中上下分布的层次差、高矮秆作物生长所占用的空间差以及不同作物对太阳能利用的强度等的相互关系，有效地发挥人力、物力、时间、空间和光、温、气、水、肥、土等可能利用的层次和高峰期，最大限度地实现高产低耗、多品种、多层次、高效率和高产值，以组成人工生态型高效复合群体结构的农业生产体系。

立体种植是发展立体农业的主要组成部分。它是根据植物生态学和生态经济学原理，组织农业生产的一种高效栽培技术。一方面，立体种植要利用现代化农业科学技术，充分利用当地自然资源，尽可能为人类生存提供更多、更丰富的农业产品，以取得最佳的经济效益；另一方面，还要利用各种农作物之间相互依存、取长补短、共生互补、趋利避害、循环往复与生生不息的关系，通过种类、品种配套和集约安排，创造一个较好的生态环境，通过一年和一地由多种农作物相互搭配种植的形式（这种形式是多种多样的），以达到提高复种指数，增产增收的目的。

（二）农作物立体种植的类型

农作物立体种植主要包括间作、混作和套作 3 种类型。

1. 间作

间作是指在同一田地上于同一生长期内，分行或分带相间种植两种或两种以上作物的种植方式。

所谓分带是指间作作物成多行或占一定幅度的相间种植，形成带状，构成带状间作，如 4 行棉花间作 4 行甘薯，2 行玉米间作 4 行大豆等。间作因为成行种植，可以实行分别管理，特别是带状间作，较便于机械化或半机械化作业，与分行间作相比能够提高劳动生产率。

农作物与多年生木本作物相间种植，也称为间作。木本植物包括林木、果树、桑树、茶树等；农作物包括粮食、经济作物、园艺、饲料、绿肥作物等。平原、丘陵农区或林木稀疏的林地，采用以农作物为主的间作，称为农林间作；山区多以林（果）业为主，间作农作物，称为林（果）农间作。

间作与单作不同，间作是不同作物在田间构成人工复合群体，个体之间既有种内关系又有种间关系。

间作时，不论间作的作物有几种，皆不计复种面积。间作的作物播种期、收获期相同或不相同，但作物共处期长，其中，至少有一种作物的共处期超过其全生育期的一半。间作是集约利用空间的种植方式。

2. 混作

混作是指两种或两种以上生育季节相近的作物，在同一田块内，不分行或同行混种的种植方式。混合种植可以同时撒播于田里或种在 1 行内，如芝麻与绿豆，小麦与豌豆混作，大麦与扁豆混作，也可以一种作物成行种植，另一种作物撒播于其行内或行间，如玉米条播后撒播绿豆等。混作属于比较原始的种植方式，方法简便易行，但由于混作的作物相距很近，不便于分别管理。

3. 套作

套作是指在前作物生长期间，在其行间播种或栽种生育季节不同的后作物的种植方式，如每隔 3 垄小麦套种 1 行花生，或 6 行小麦套种 2 行棉花。它不仅比单作充分利用了空间，而且较充分地利用了时间，尤其是增加了后作物的生育期，这是一种较为集约的种植方式。因此，要求作物的搭配和栽培技术更加严格。

二、立体种植的优势

立体种植有以下 7 个方面的优势。

（一）充分利用光热资源

适宜的热量条件能提高光合速度，增加光合产物，提高作物产量。各种农作物所提供的干物质，有 90%~95% 是植物利用太阳能通过光合作用，将所吸收的二氧化碳和水合成有机物的。因此，发展立体种植的各类形式，可以最大限度地利用太阳能。

（二）改善通风条件，发挥边行优势

所谓边行优势（又称边行效应），是指作物的边行一般比里行

长得好，产量也高，主要原因是边行的通风透光条件好。立体种植比平面单作增加许多种植带和中上部空间，不仅增加了边行数，还大大改善了通风透光条件。例如，小麦套种西瓜，虽然小麦的实际种植面积减少约1/3，但由于小麦的边行数增加几倍，边行的产量比里行可提高30%～40%，因而小麦每平方米产量基本上可做到不减或少减。这是立体种植增产的主要原因之一。

（三）充分利用时间和空间，发挥各方面的互利作用

不同作物之间，既相互制约，又相互促进，合理的立体种植方式，可以取长补短，共生共补。例如，麦田套种玉米，可以充分利用时间差和空间差，使玉米提前播种，延长生长期，还可以提早成熟，增加产量。春玉米与秋黄瓜或马铃薯间作，玉米给秋黄瓜和马铃薯遮阴，可使夏末的地温下降4～6℃，从而创造了较为阴凉的生态环境，减轻了高温的危害。这样，既可提前播种，延长生育期和提高产量，又可减轻黄瓜苗期病害的发生和传播，促进马铃薯提前发芽出土。

（四）充分利用水、肥和地力

立体种植可根据作物的需肥特点和根系分布层次合理搭配，做到深根作物与浅根作物相结合，粮、棉作物与瓜菜作物相结合。在间作和套种两种以上作物的条件下，还可以做到一水两用，一肥两用，节水节肥。在一年五作的情况下，如采用"小麦、菠菜、春马铃薯、春玉米、芹菜（或芫荽）"的形式，土地利用率可提高1倍左右；在一年三作的情况下，土地利用率可提高20%以上。

（五）解决用地与养地的矛盾

我国华北地区的土壤肥力普遍偏低，主要表现在有机质含量低，蓄水和保肥能力差。要提高土壤有机质的含量，必须增施有机肥料，采取粮、草间作，农牧结合的措施。如"两粮、两草、一菜"即小麦、苕子（或豌豆）、玉米、夏牧草（或绿豆）、芫

萝一年五作的立体种植形式，可以充分体现用地与养地相结合的特点，这种立体种植形式不仅可以保证小麦和玉米两季作物不减产，还可采收 2 000kg 优质牧草，牧草用来饲养牛、羊、兔等家畜，又可得到充足的优质粪肥用于养地，也可增加畜牧产品的收入。

（六） 有利于发挥剩余劳动力的作用，促进农村经济的发展

发展立体种植业，既可提高土地利用率，又可投入较多的劳力，实行精耕细作，提高产量和增加收入。这样，也可以积累较多的资金，促进乡镇企业的发展，乡镇企业发展了，又能吸收较多的剩余劳动力，形成良性循环。

（七） 提高经济效益、生态效益和社会效益

发展立体种植业，可以打破单一种植粮、棉、油的经营方式，有效地提高单位面积的产量和产值，不仅可以显著增加农民的经济收入，还可给市场提供丰富的农副产品，产生较好的社会效益。大量的产出，增加了大量的投入，还可相对节约成本，节约能源，构成良好的循环体系。通过多种作物的搭配种植，还可以改善单一的生态环境，产生较好的生态效益。

三、发展立体种植应具备的条件

（一） 气候条件

温度、光照和降水量等气候条件，是作物生长和发育的基本条件，也是各种农作物赖以生存的基础。立体种植是一种高层次的种植方式，要求温度适宜，光照充足、降水量较多，生育期较长。

（二） 自然资源

自然资源是发展立体种植业的先天因素。如果一个地区有丰富的水资源，加之公路交通方便，产销渠道畅通，煤、油和电的资源以及各种农作物的品种资源都相当丰富，那么该地区是适宜发展立体种植的。

（三）水、肥和土壤条件

立体种植业是一种多品种和多层次的综合种植方式。由于种植的品种多、范围广，经营的层次也高，一年当中，有时要种四五茬或更多，因而需要有足够的水源和肥料，同时，还要求有较好的土壤条件。没有充足的水源和配套的水利工程与器械，要想发展立体种植业，获得较高的产量和较高的经济效益，是不可能的。

（四）品种配套

从事立体种植业，不仅参与的作物种类较多，在同一种作物中，还要求与各类立体种植形式有相应的配套品种，诸如早熟与晚熟、高秆与矮秆、抗病与高产、大棵与小棵等。因为立体种植不同于一般单一种植，在不同时期和不同形式中，都要求有其相适应的配套品种，这样才能充分利用时间和空间，发挥品种的优势，获得高产和高效益。

（五）劳力和资金

立体种植业能够充分利用土地、资源和作物的生育期，各种作物在不同季节交错生长，一年四季田间的投工量大，几乎没有农闲时间。因此，需要有足够的劳力。此外，经营立体种植业，不仅要求水肥充足，还要增加地膜、农药、种子和各种农用器械的开支。因此，没有较多的资金投入是不行的。

（六）科学技术水平

发展立体种植业，要求引进新技术、新的配套品种和先进的生产手段，因而生产者还要具备一定的科学文化水平，要通过不断的学习，才能较好地掌握各项新技术，取得较高的效益。

四、作物间作套种技术

作物间作套种，可充分利用地力和光能抑制病、虫、草的发生，减轻灾害，实现一季多收，高产高效。

（1）株型要"一高一矮"，即高秆作物与低秆或无秆作物间作套种。如高粱与黑豆、黄豆，玉米与小豆、绿豆间作套种。上述几种作物间套作，还有补助氮肥不足的作用。

（2）枝型要"一胖一瘦"，即枝叶繁茂、横向发展的作物和无枝或少枝的作物间作套种，如玉米与马铃薯间作，甘薯地里种谷子。这样易形成通风透光的复合群体。

（3）叶型要"一尖一圆"，即圆叶作物（如棉花、甘薯、大豆等）与尖叶作物（如小麦、玉米、高粱等）搭配。这种间作套种符合豆科与禾本科作物搭配这一科学要求，互补互助益处多。

（4）根系要"一深一浅"，即深根和浅根作物（如小麦与大蒜、大葱等）搭配，以充分利用土壤的养分和水分。

（5）适应性要"一阴一阳""一湿一旱"，即耐阴作物与耐旱作物搭配，有利于彼此都能适合复合群体中的特殊环境，减轻旱涝灾害，旱也能收，涝不减产，稳产保收。

（6）生育期要"一大一小""一宽一窄"，即主作物密度要大，种宽行，副作物密度要小，种窄行，以保证作物的增产优势，达到主作物和副作物双双丰收，提高经济效益。

（7）株距要"一稠一稀"，即小麦、谷子等作物适合稠一些，因为这类作物秸秆细，叶子窄条状，穗头比较小，只有密植产量才会高；而间作套种的绿豆或小豆叶宽，又是股（枝）较多，只有稀植才能有好收成。

（8）直立型要间作爬秧型如玉米间种南瓜，玉米往上长，南瓜横爬秧，不但互不影响，并且南瓜花蜜能引诱玉米螟的寄生性天敌——黑卵蜂，通过黑卵蜂的寄生作用，可以有效地减轻玉米螟的为害，胜过施农药。

（9）秆型作物间种缠绕型作物，如玉米是秆型作物，黄瓜是缠绕型作物，两者间作，不但能减轻或抑制黄瓜花叶病，并且玉米秸秆能代替黄瓜架，都能得到丰收。

第三节 作物轮作技术

一、作物轮作概述

(一)轮作的概念

轮作是指在同一块田地上,在一定年限内按一定顺序逐年轮换种植不同作物的种植制度。如一年一熟条件下的大小麦—玉米三年轮作,这是在年间进行的单一作物的轮作。在一年多熟条件下,既有年间的轮作,也有年内的换茬,如南方的绿肥→水稻→水稻→油菜→水稻→水稻→小麦→水稻→水稻轮作,这种轮作由不同的复种方式组成,因此,也称为复种轮作。

(二)连作的概念

连作,又叫重茬,与轮作相反,是指在同一块地上长期连年种植一种作物或一种复种形式。两年连作称为迎茬。在同一田地上采用同一种复种方式,称为复种连作。

二、轮作换茬的作用

作物生产中轮作换茬与否主要取决于前后茬作物的病虫草害和作物的茬口衔接关系,而茬口的衔接还与作物的营养关系、种收时间有关。

(一)减轻农作物的病虫草害

作物的病原菌一般都有一定的寄主,害虫也有一定的专食性或寡食性,有些杂草也有其相应的伴生者或寄生者,它们是农田生态系统的组成部分,在土壤中都有一定的生活年限。如果连续种植同种作物,通过土壤而传播的病害,如小麦全蚀病、棉花黄枯萎病、烟草黑胚病、谷子白发病、甘薯黑斑病必然会大量发生。实行抗病作物与感病作物轮作,更换其寄主,改变其生态环境和食物链组成，使之不利于某些病虫的正常生长和繁衍，从而达到减轻农作物病害和提高产量的目的。

一些作物的伴生性杂草，如稻田里的稗草、麦田里的燕麦草、粟田里的狗尾草等，这些杂草与其相应作物的生活型相似，甚至形态也相似，很不易被消灭。一些寄生性杂草，如大豆菟丝子、向日葵列当、瓜列当等连作后更易滋生蔓延，不易防除，而轮作则可有效地消灭之。

（二）协调、改善和合理利用茬口

1. 协调不同茬口土壤养分水分的供应

各种作物的生物学特性不同，自土壤中吸收养分的种类、数量、时期和吸收利用率也不相同。

小麦等禾谷类作物与其他作物相比，对氮、磷和硅的吸收量较多；豆科作物吸收大量的氮、磷和钙，但在吸收的氮素中，40%~60%是借助于根瘤菌固定空气中的氮，而土壤中氮的实际消耗量不大，而磷的消耗量却较大；块根块茎类作物吸收钾的比例高，数量大，同时，氮的消耗量也较大；纤维和油料作物吸收氮磷皆多。不同作物对土壤中难溶性磷的利用能力差异很大，小麦、玉米、棉花等的吸收利用能力弱，而油菜、荞麦、燕麦等吸收能力较强。如果连续栽培对土壤养分要求倾向相同的作物，必将造成某种养分被片面消耗后感到不足而导致减产。因此，通过对吸收、利用营养元素能力不同而又具有互补作用的不同作物的合理轮作，可以协调前、后茬作物养分的供应，使作物均衡地利用土壤养分，充分发挥土壤肥力的生产潜力。

不同的作物需要水分的数量、时期和能力也不相同。水稻、玉米和棉花等作物需水多，谷子、甘薯等耐旱能力较强。对水分适应性不同的作物轮作换茬能充分而合理地利用全年自然降水和土壤中贮积的水分，在我国旱作雨养农业区轮作对于调节利用土壤水分，提高产量更具有重要意义。如在西北旱农区，豌豆收获后土壤内贮存的水分较小麦地显著增多，使豌豆成为多种作物的好前作。

各种作物根系深度和发育程度不同。水稻、谷子和薯类等浅根性作物，根系主要在土壤表层延展，主要吸收利用土层的养分和水分；而大豆、棉花等深根性作物，则可从深层土壤吸收养分和水分。所以，不同根系特性的作物轮作茬口衔接合理，就可以全面地利用各层的养分和水分，协调作物间养分、水分的供需关系。

2. 改善土壤理化性状，调节土壤肥力

各种作物的秸秆、残茬、根系和落叶等是补充土壤有机质和养分的重要来源。但不同的作物补充供应的数量不同，质量也有区别。如禾本科作物有机碳含量多，而豆科作物、油菜等落叶量大，豆科作物还能给土壤补充氮素。有计划地进行禾、豆轮作，有利于调节土壤碳、氮平衡。

轮作还具有调节改善耕层物理状况的作用。密植作物的根系细密，数量较多，分布比较均匀，土壤疏松结构良好。玉米、高粱根茬大，易起坷垃。深根性作物和多年生豆科牧草的根系对下层土壤有明显的疏松作用。据山西省农业科学院调查，苜蓿地中的水稳性团粒比一般麦地增多 20%~30%。土壤物理性质的改善，可使土壤肥力得以提高。

（三）合理利用农业资源，经济有效地提高作物产量

根据作物的生理生态特性，在轮作中前后作物搭配，茬口衔接紧密，既有利于充分利用土地、自然降水和光、热等自然资源，又有利于合理使用机具、肥料、农药、灌溉用水以及资金等社会资源。还能错开农忙季节，均衡投放劳畜力，做到不误农时和精细耕作。

三、特殊轮作的作用与应用

（一）水旱轮作

水旱轮作是指在同一田地上有顺序地轮换种植水稻和旱作物的

种植方式。这种轮作对改善稻田的土壤理化性状，提高地力和肥效有特殊的意义。例如，湖北省农业科学院（1979 年）以绿肥—双季稻多年连作为对照，冬季轮种麦、油菜、豆类的双季稻田土壤容重变轻，明显增加土壤非毛管孔隙，改善土壤通气条件，提高氧化还原电位，防止稻田土壤次生潜育化过程，消除土壤中有毒物质（Mn、Fe、H_2S 及盐分等），促进有益微生物活动，从而提高地力和施肥效果。

水旱轮作比一般轮作防治病虫草害效果尤为突出。水田改旱地种棉花，可以扼制枯黄萎病发生。改棉地种水稻，水稻纹枯病大大减轻。

水旱轮作更容易防除杂草。据观察，老稻田改旱地后，一些生长在水田里的杂草，如眼子菜、鸭舌草、瓜皮草、野荸荠、萍类、藻类等，因得不到充足的水分而死去；相反，旱田改种水田后，香附子、马唐、田旋花等旱地杂草，泡在水中则被淹死。

在稻田，特别是在连作稻区，应积极提倡水稻和旱作物的轮换种植，这是实现全面、持续、稳定增产的经济有效措施。

（二）草田轮作

是指在田地上轮换种植多年生牧草和大田作物的种植方式，欧美较多，我国甚少，主要分布在西北部分地区。

草田轮作的突出作用是能显著增加土壤有机质和氮素营养。据资料介绍，生长第四年苜蓿每亩地（0～30cm）可残留根茬有机物840kg，草木樨可残留50kg，而豌豆、黑豆仅残留45kg左右。苜蓿根部含氮量为2.03%，大豆为1.31%，而禾谷类作物不足1%。可见，多年生牧草具有较强的、丰富的土壤固氮能力。

多年生牧草在其强大根系的作用下，还能显著改善土壤物理性质。

在水土流失地区，多年生牧草可有效地保持水土，在盐碱地区可降低土壤盐分含量。草田轮作有利于农牧结合，增产增收，提高经济效益。该种轮作应在气候比较干旱、地多人少、耕作粗放、土地瘠薄的农区或半农半牧区应用。

（三）轮作与作物布局的关系

作物布局对轮作起着制约作用或决定性作用。作物的种类、数量及每种作物相应的农田分布，直接决定轮作的类型与方式。旱地作物占优势，以旱地作物轮作为主；水稻和旱作物皆有，则实行水旱轮作；城市、工矿郊区以蔬菜为主，实行蔬菜轮作。一方面，作物种类多，轮作类型相对比较复杂，较易全面发挥轮作的效应；另一方面，作物布局也要考虑轮作与连作的因素。例如，在东北三江平原当大豆比例超过 40%~50% 时，不可避免地要重茬或迎茬（隔年相遇），从而导致大豆线虫病的加剧与产量的降低。

四、茬口

茬口是作物轮作换茬的基本依据。茬口是作物在轮连作中，给予后作物以种种影响的前茬作物及其茬地的泛称。

（一）茬口特性的形成

茬口特性是指栽培某一作物后的土壤生产性能，是在一定的气候、土壤条件下栽培作物本身的生物学特性及其措施，对土壤共同作用的结果。

影响茬口特性形成的因素有 3 个。

1. 时间因素

前作收获和后作播栽季节的早晚，是茬口的季节特性表现。一般规律是，前茬收获早，其茬地有一定的休闲期，有充分的时间进行施肥整地，土壤熟化好，可给态养分丰富，对后作物影响好。反之，则差。据在河南旱农区调查，夏闲地、夏高粱和夏甘薯茬播种冬小麦的时间依次变晚，小麦产量也依次降低，其亩产量分别为 178kg、137.5kg 和 81.5kg。

茬口的季节特性对后作物影响的时间较短，一般只影响一季后作物。

2. 生物因素

生物因素：包括作物本身、病虫杂草和土壤微生物区系及活动等。

（1）作物本身生物学特性对茬口特性的影响。某些作物收获后，茬地土壤中有机质和各种营养元素含量不同，因而表现出不同的茬口肥力特性。例如，豌豆茬有机质和有效肥力最高，后作物玉米产量也最高，豌豆茬玉米小区产量 7kg，而大麦茬玉米只有 5.5kg。

各种作物根系的形状、粗细、数量及其分布对茬地土壤的物理性状影响不同。作物覆盖度的大小与土壤的湿度、温度、松紧度关系密切，形成所谓的"硬茬"与"软茬""冷茬"与"热茬""干茬"与"润茬"等。作物根系和残体分解释放有毒的物质，对后作也产生不良影响。小麦、大麦、燕麦和玉米残体的水提液表现的毒性影响只短期存在，而高粱的残体在实验室和田间试验中均表现较长期的有毒作用，对后作影响较大，在低雨量年份，高粱后的高粱、鹰咀豆、木豆依次减产 79%、87% 和 49%，正常雨量年份依次减产14%、10%、11%。

（2）土壤微生物对茬口特性的影响。不同的作物微生物区系、种类和数量不同，这些微生物对于后茬作物有的表现为有益，有的表现为有害。不同茬口的土壤微生物状况，对土壤肥力的影响有明显的区别，有的具有明显的正相关。

（3）病虫杂草对茬口特性的影响。前茬作物病虫草害严重，对同科、同属的后茬作物就是不良的茬口。禾本科杂草多的茬地，尤其不适宜种植谷子。红蜘蛛重的茬地不宜种植棉花和大豆。立枯病重的茬地不宜种植棉花和烟草。病虫杂草严重的农田作物，如果连作多年，其不良后果还有积累作用。

3. 栽培措施因素

作物生长过程中所采取的各项农业技术措施，如土壤耕作、施肥（包括施菌肥和农药）、灌溉等对作物茬口特性的形成发生深刻的影响，处理得好，不仅使当季作物受益，而且使其后作物受到不同方面和不同程度好的影响。如茎叶类的作物烟草、蔬菜等，吸收消耗大量土壤养分，而归还土壤的养分甚微，由于对其管理精细，肥水充足，作物收获后仍有很多余肥，所以，还是后季作物的好前作，后季作物在少施肥的情况下，产量还比较高。

前作物对土壤的影响以及通过土壤又影响其后作物，产生不同的生产效果，茬口的好坏最终体现在后作的生长发育和产量上，研究茬口特性的意义就在于此。

但是作物的茬口特性是复杂的，茬口的好坏是有条件的，也是相对的。茬口好坏要看和什么作物相比，还要看在什么地方，以及在什么条件下。一般认为苜蓿茬是许多作物的好茬口，但对啤酒用大麦则因种子中含氮多，啤酒品质差，不是其好茬口。含氮多的茬口对需氮多的禾本科作物是好茬口，而对茄科的烟草则不是好茬口，也是因为含氮多而影响烟叶的品质。在黄淮平原夏大豆产区，豆茬在瘦地上是好茬口，因瘦地土壤中缺氮是主要问题，同时，在瘦地上豆科作物固氮能力强，能为本身和后作提供一定数量的氮素营养。但在肥地上豆茬就不一定是好茬口，因为这时不但其固氮能力差，而且茬口晚的特点更为突出，从而影响了冬小麦的播种期。晚熟作物对冬小麦常是坏茬，对下一年的春作物可能是好茬口。

总之，影响茬口特性的因素很多，在某种情况下，这种因素的影响是主要的，而在另一种情况下，别的因素的影响则可能变成主要的。因此，分析茬口特性时一定要全面考虑，并且判断茬口好坏也不能离开具体条件和对象，只有这样，才能正确地评定茬口，正确地为轮作或连作选择茬口，以利于前后茬相互衔接，扬长避短，趋利避害。

（二）不同类型作物茬口特性

作物种类繁多，茬口特性各异。划分依据不同，茬口特性表现也就不同。

1. 抗病与易感病类作物

禾本科作物对土壤传染的病虫害的抵抗力较强，比较耐连作。茄科、豆科、十字花科、葫芦科等作物易感染土壤病虫害，不宜连作。在轮作中，要坚持易感病作物和抗病作物相轮换的原则。同科、同属或类型相似的作物往往感染相同的病害，要尽量避免它们之间的连续种植。

同一作物的不同品种抗病能力不同，因此，选用抗病品种，进行定期或不定期的品种轮换也是防治作物病害的重要方法，尤其是对防治流行性强的气传病害（如水稻稻瘟病、小麦锈病、白粉病）、土传病害（如多种作物的线虫病、萎蔫病）以及其他方法难以防治的病害（如小麦、水稻、烟单的病毒病）更加经济有效。但单一抗病品种大面积种植多年后，在病原菌中就会出现对这个品种能致病的生理小种，使原来抗病品种丧失抗病力。因此，在一定范围内，把几个抗病性不同的品种搭配和轮换种植，可以避免优势致病生理小种的形成，并造成作物群体在遗传上的异质性或多样性，能对病害流行起缓冲作用，不至于因病害而造成全面减产。

2. 富氮与富碳耗氮类作物

从作物与土壤养分关系的角度来看，各类作物对于沉淀性元素（磷、钾、钙等）都是消耗的，但对于氮和碳却有消耗和增加之分。

（1）富氮类作物。主要是豆科作物，包括多年生豆科牧草、一年生豆科绿肥和食用豆科作物。其中，多年生豆科牧草，如苜蓿、三叶草等，富氮作用最显著，每亩固氮可达 13.3kg。一年生食用豆科作物固氮较少，只有 3.3kg，由于地上部分被人们收获，带走了相当部分的氮，其数量大体和所固定的氮相当，二者相互抵消，对土壤氮量增减没有明显的影响。但即或如此，比禾本科作物耗氮还是少得多。豆科绿肥固氮量一般每亩在 2~3kg，翻埋后可全部归还土壤，具有一定的养地作用，但由于固氮量不多，对养地意义不能评估太高。

多年生豆科牧草根冠比大，如苜蓿、三叶草高达 1：3，而一年生豆科作物大致是 1：（8~10），前者有利于促进土壤有机质的积累，而后者的作用较小。绿肥对积累土壤有机质没有明显作用。据日本琦玉县试验，1926—1976 年 50 年间绿肥区与氮、磷、钾化肥区土壤有机质基本相等，其相对含量只增加 2.1%。中国农业科学院土壤肥料研究所在山东省兖州地区的试验（1976—1978 年）表明，在轮作中连续 3 年种植和翻压莒子作绿肥，土壤有机质含量提高不多（0.09%），但有机质品质有所改善，胡敏酸和富啡酸的比值有所增高，土壤结构也得到一定改善。

富氮类作物以其对土壤增氮和平衡土壤氮素的作用，成为麦类、玉米、水稻及各种经济作物的良好前作，表现不同程度的增产作用。

（2）富碳耗氮类作物。禾本科作物就属此类，主要包括水稻和各种旱地谷类作物小麦、玉米、谷子、高粱等。它们占我国农作物总播种面积的 70% 左右，是我国的主要作物茬口类型。

禾谷类作物一般从土壤中吸收的氮素比其他作物多，在一般产量水平下，比大豆多吸收一倍甚至更多。氮吸收量中的 10%~12% 可以残茬根系的形式归还土壤，种植这些作物后，若不施氮肥，土壤氮平衡是负的，但从土壤碳素循环看，情况并非如此。禾本科作物在生长过程中固定了空气中大量碳素，据江苏省农业科学院（1980）测定，小麦总生物量 928.4kg/亩，其中，根茬 128.5kg/亩，茎叶 411.4kg/亩。单季稻总生物量 850.1kg/亩，其中，根茬 122.2kg/亩，茎叶 366.3kg/亩。刘巽浩等 1980—1985 年在北京试验得出，小麦—玉米一年两熟总生物量可达 2 016kg/亩。可见，禾本科作物生物量很大，能够还田的根茬、茎叶数量也很多。从系统观点看，通过根茬或茎叶可以把所固定的大量碳素投入到土壤中去，因而有利于维持或增加土壤有机质的水平。

富碳耗氮作物，由于病害相对较少较轻，是易感病作物的良好前作。该类作物耗氮较多，其前作以豆类作物、豆科绿肥为好。禾、豆轮作换茬，相互取长补短，有利于土壤碳、氮平衡。

3. 半养地作物

这类作物主要包括棉花、油菜、芝麻、胡麻等。它们虽不能固氮，但在物质循环系统中返回田地的物质较多，因而可在某种程度上减少对氮、磷、钾养分的消耗或增加土壤碳素。例如，人们从这些作物中取走的东西是纤维和油（主要是碳），其他的茎叶、根茬和饼粕可以通过各种途径还田，特别是含氮、磷、钾及有机质丰富的饼粕的过腹还田，既起到饼粕作饲料，发展畜牧业的作用，又起到良好的肥料养地作用。一般每亩产菜籽 50~75kg，共可还田氮素 4.5~6.79kg，可基本维持原有土壤肥力水平，还可改善土壤物理性质。据中国农业科学院油料作物研究所（1977）试验分析，油菜田的土壤其自然结构大于 5mm 的水稳性团聚体比绿肥田多 10.7%~11.42%，土壤容重减少 0.08g/cm^3，孔隙度增大 3.08%。因此，油菜茬在南方是水稻的良好前作，油菜田种稻，即使不再施肥，也比少施肥的冬闲田增产，甚至可和蚕豆田平产。在北方，油菜茬是高产作物玉米以及棉花的好前作。芝麻茬口早，土壤水分和土壤速效养分高，是小麦的好前作。

油菜、芝麻病害较多，不宜连作，棉花在枯黄萎病已被控制的情况下，比较耐连作，产量和品质也都较好。

4. 密植作物与中耕作物

这两类作物在保持水土、改善耕层土壤结构方面的功能差异悬殊，具有决然不同的茬口特性。密植作物如麦类、谷子、大豆、花生以及多年生牧草等，由于密度大，枝叶茂密，使覆盖面积大，覆盖时间长，覆盖强度增加，能缓冲雨滴特别是暴雨拍击地面，保持水土和改善土壤结构作用较好。而中耕作物如玉米、高粱、棉花等，行株距较大，植株对地面的覆盖度较小，经常中耕松土，连年种植常促使土壤结构破坏，导致径流量和冲刷量的加大，从而引起土壤侵蚀，造成土壤、土壤水分和土壤养分的丢失。

在丘陵、山区的坡地农田，应尽可能避免抗侵蚀能力差的中耕作物长期连作。如果限于条件非连作不可，最好与密植作物间作或混作，并采用等高线种植法，在可能条件下，最好把防侵蚀作用强的牧草和一年生作物结合起来，实行草田轮作，保持水土效果更好，玉米、三叶草轮作，年失土量和年径流量比密植作物小麦连作少，更比玉米连作少得多。我国黄河水利委员会天水水土保持试验站，把当地一般轮作改为草田轮作，第一年地表径流减少58%，土壤冲刷减少73.8%；第二年地表径流减少78.2%，土壤冲刷减少84.4%，表层土壤的有机质和团粒结构也有增加。

5. 休闲在轮作中的地位

休闲是在田地上全年或可种作物的季节只耕不种或不耕不种以息养地力的土地利用方式，根据休闲时间的长短，分为全年休闲和季节休闲。全年休闲主要分布在东北和西北地区。季节休闲又分为夏季休闲和冬季休闲，主要分布在华北和南方各省区。冬季休闲在南方又有冬晒和冬泡两种形式。

休闲的主要作用是通过土壤的冻融交替和干湿交替，改善土壤的物理性质，加速有机质矿化分解，提高土壤的有效肥力；通过耕耙作业蓄水纳墒，提高土壤水分含量，增强抗旱能力；通过休闲消除病虫，减少有毒物质。

休闲是轮作中一种特殊类型的茬口，是许多作物的好茬口。在南方稻区，冬季休闲地主要种植水稻。北方旱区夏闲地是冬小麦的良好前茬，冬闲地是各种春作物的好前茬。在西北和东北地区全年休闲地仍有一定面积，主要种植高产的粮食作物和经济作物。休闲在北方旱区意义重大，西北地区有"你有万石粮，我有歇茬地"之美称。因此，它是作物稳产、高产的重要措施。

休闲地会浪费光、热、水、土资源，因而，随着农业现代化集约化、水利化的进展，休闲面积正在不断缩小。

间混套作是由两种以上作物组成的复合群体，形成复合作物的茬口，如玉米间作大豆茬，小麦与豌豆混作茬等。这种茬口既不同于甲作物，也有别于乙作物，情况比较复杂，尚需进一步探讨和研究。

(三) 茬口顺序与安排

近几年以来，广大农村正由自给和半自给性生产向商品性生产转化，反映在作物种植上受政策和市场价格的影响较大，哪种作物经济效益高就种哪种作物。这种情况造成轮作换茬的灵活性很大，甚至没有一定的轮换顺序与周期。但不管怎样，广大农村的轮作基本上还是遵循轮作倒茬的原则和茬口特性的。在一个地区总有几种比较固定的轮作倒茬方式（包括连作方式），特别是对于一些经济作物更是如此。那么轮作中茬口顺序怎样安排呢？一般原则是：瞻前顾后，统筹安排，前茬为后茬，茬茬为全年，今年为明年。

1. 把重要作物安排在最好的茬口上

由于作物种类繁多，必须分清主次，把好茬口优先安排优质粮食作物、经济作物上，以取得较好的经济效益和社会效益。对其他作物也要全面考虑，以利于全面增产。

2. 考虑前、后茬作物的病虫草害以及对耕地的用养关系

前作要为后作尽量创造良好的土壤环境条件，在轮作中应尽量避开相互间有障碍的作物，尤其是相互感染病、虫、草害的作物要避开。在用、养关系上，不但要处理好不同年间的作物用养结合，还必须处理好上下季作物的用养结合，一般是含富氮作物的轮作成分在前，含富碳耗氮作物的轮作成分在后，以利氮、碳互补，充分发挥土地生产力。

3. 严格把握茬口的时间衔接关系

复种轮作中前茬作物收获之时，常常是后一作物适宜种植之比，因此，及时安排好茬口衔接尤为重要。一般是先安排好年内的

接茬，再安排年间的轮换顺序。为使茬口的衔接安全适时，必须采取多种措施，如合理选择搭配作物及其品种，采取育苗移栽、套作、地膜覆盖和化学催熟等，这些措施均可促使作物早熟，以利及时接茬，最好还能给接茬农耗期留有一定余地。

第四章　畜牧业生态养殖技术

第一节　生态畜牧业产业化经营

一、对生态畜牧业产业化的理解

（一）传统畜牧业与现代生态畜牧业

畜牧业的发展经历了原始畜牧业、传统畜牧业、工厂化畜牧业和现代生态畜牧业等阶段。

原始畜牧业主要靠天养畜，生产者通过动物自繁自养扩大畜群规模，畜牧业的生产方式主要是家畜逐水草而居，畜牧业生产水平低，提供畜产品数量少，如 6~7 头牛一年所提供的畜产品才可勉强维持一个人的生活。原始畜牧业的特点是人类对动物生产很少进行干预，动物、植物和微生物之间通过自然力相互影响。

传统畜牧业是人类有意识地对动物生产的过程进行干预，以获取更为丰富的畜产品。例如，通过人工选择和自然选择培育动植物新品种，通过修建简易的畜舍为动物遮风御寒和防暑，通过种植牧草和农作物为畜禽提供饲料。传统畜牧业的特点是经营分散，规模小，自给性强，商品化不足，畜牧业生产停留在依靠个人经验经营和组织生产。传统畜牧业依靠农业生态系统内部的能量和物质循环来维持生产，一方面，畜禽粪便全部还田；另一方面，农户有什么饲料就喂什么饲料，畜牧生产水平低，效益差。

工厂化畜牧业是指人类将动物当做活的机器，运用工业生产的方式，采用高密度、大规模、集约化的生产方式，借助现代动物遗传繁育、动物营养与饲料、环境控制、疾病预防与防治技术，进行标准化、工厂化的畜牧业生产。工厂化畜牧业的特点是能量和物质投入多，技术含量高，生产水平高，生产效益好，缺点是割裂了动物和植物之间的自然联系。一方面，畜牧业生产规模过大，生产过于集中导致了畜禽粪便难以还田。致使畜禽粪便污染水源和土壤，造成环境污染；另一方面，大量使用添加剂和兽药，使药物在畜产品中残留增加，降低了畜产品品质。此外，环境应激导致动物行为异常，发病率增加，使产品品质和生产效率降低。

现代生态畜牧业就是按照生态学和经济学的原理，运用系统工程的方法，吸收现代畜牧科学技术的成就和传统畜牧业的精华，根据当地自然资源和社会资源状况，科学地将动物、植物和微生物种群组织起来，形成一种生产体系，进行无污染、无废弃物的生产，以实现生态效益、社会效益和经济效益的协调发展。

（二）现代生态畜牧业的特点

1. 注重现代畜牧科学技术的应用

在畜牧业生产过程中，不仅依靠生产者的经验，而且充分运用动物育种技术、配合饲料生产技术、畜禽环境控制技术和动物疾病防治技术提高生产效率。

2. 强调系统投入

现代生态畜牧业不但注重系统内物质和能量的充分利用，而且强调必要的能量和物质投入。例如，利用电能、机械能为家畜创造适宜的生产环境，在饲料生产中使用添加剂以提高生产效率。这样，解除了畜牧生产的限制因素，提高了生产效率。

3. 注重生态效益、社会效益和经济效益的协调发展

工厂化畜牧业和传统畜牧业强调经济效益，现代生态畜牧业不但注重经济效益，而且强调社会效益和生态效益，即生态畜牧业产业化经营不但要向社会提供符合社会需求的畜产品，具有良好的经济效益，而且生产方式要有利于环境状况的改善，具有良好的生态

效益。

4. 强调发挥畜牧业生态系统整体功能

通过畜牧业生态规划、畜牧业生态技术和畜牧业生产常规技术的综合运用，以充分发挥农作物、饲料、牧草和家畜的作用，强化饲料饲草生产、家畜饲养管理、家畜繁育、畜牧场废弃物无害化处理和畜产品流通等环节的联结，以实现畜牧业生态经济系统的协调发展。

5. 为社会提供大量的绿色畜产品

生态畜牧业通过协调动物与环境的关系和预防免疫提高畜禽的健康水平以减少兽药的大量使用，通过为畜禽提供多样化的饲料以减少添加剂的大量使用，通过健康养殖以减少争斗和应激等措施提高畜产品质量，为社会提供大量的无农药（兽药）、添加剂和激素残留的绿色食品。

6. 生态畜牧业是一个生产体系

生态畜牧业以动物养殖和动物性产品加工为中心，同时因地制宜配置种植业、林业和粪便废水处理系统，形成一个优质高产无污染的畜牧业生产体系。

（三）生态畜牧业与产业化经营

生态畜牧业产业化经营是畜牧业发展的必然趋势，是生态畜牧业生产的一种组织和经营形式。传统的畜牧业是农户进行农业生产的补充，属于副业范畴。工厂化畜牧业和现代生态畜牧业则将畜牧业作为国民经济发展的一种主导产业。在经济发达的国家和地区，畜牧业在农业生产中所占的比重越大，畜牧业作为一种产业的趋势越明显。例如，美国畜牧业产值可占农业总产值的70%。我国山东、广东等经济发达地区畜牧业产值也占农业总产值的50%以上。随着国民经济的发展和人类对畜产品需求的增加，畜牧业作为一种产业的趋势会更加明显。因此，现代生态畜牧业已不是传统意义的农牧结合型的副业畜牧业，而是畜牧业产业化经营的一种有效方式。

生态畜牧业产业化经营是生态畜牧业自身发展的必然需求。现代生态畜牧业与传统畜牧业的最大区别之一就是生态畜牧业是一种开放性的商品生产，传统畜牧业是一种封闭的自给性生产。商品化畜牧业生产主要包括饲料饲草的生产、动物新品种的繁育、动物的健康养殖、动物环境控制和改善、动物疫病防治、畜产品加工、畜产品营销与流通等环节。畜牧科技的进步、畜产品市场的激烈竞争和经济利益的综合作用是使畜牧业各个生产环节的专业化和社会化程度不断增加，而这些环节的专业化和社会化程度不断增加，一方面推动了畜牧业生产的发展，另一方面使畜牧业生产的各个环节的联系更加紧密。这就必然要求生产者和经营者以畜产品市场需求为导向，以畜产品加工和营销为龙头，科学合理地确立生产要素的联结方式和效益分配原则，充分发挥畜牧业生产要素专业化和社会化的优势，实现生态畜牧业的产业化经营。

（四）进行生态畜牧业产业化经营的意义

1. 有利于保护环境和改善生态环境

在大中城市，集约化畜牧业生产规模的日益扩大和集中，人为割裂了畜牧业和种植业的天然联系，导致畜牧场废水粪便大量产生而无法返还农田。例如 1 000 头奶牛场日产粪尿 50t，1 000 头肉牛场日产粪尿 20t，1 000 头肥猪场日产粪尿 4t，10 000 只蛋鸡场日产粪尿 2t。发展生态畜牧业，采用工程方法对鸡粪进行干燥处理，可将鸡粪转化为猪、牛和羊饲料，或者为花卉栽培提供肥料。牛场和猪场粪便废水经过生物处理后，可为鱼虾养殖提供饵料。在农区，发展农牧结合型生态畜牧业，一方面通过秸秆过腹还田为农业生产提供肥料，避免了大量使用化肥造成的土壤板结、水体富营养化等弊端，另一方面避免了秸秆燃烧对环境造成的污染。在山区或牧区，发展草地生态畜牧业，可避免"超载过牧"造成的草地退化，有利于保持水土和防止土地沙化。

2. 有利于充分利用资源

生态畜牧业充分运用生态系统的生态位原理、食物链原理和生物共生原理，强调生态系统营养物质多级利用、循环再生，提高了资源的利用率。例如，在农作物生物产量中，人类能直接利用的仅占 20%~30%，只有发展生态畜牧业，才可将人类不可直接利用的植物性产品转化成畜产品。再如，干燥鸡粪含有 27.5% 的粗蛋白，13.5% 的粗纤维，30.76% 的无氮浸出物，通过对鸡粪进行处理，将其作为猪、牛和羊的饲料，可充分利用这些营养物质。

3. 有利于提高产品质量

生态畜牧业充分利用生物共生和生物抗生的关系，强调动物健康养殖，尽可能利用生物制品预防动物疾病，减少饲料添加剂和兽药的使用，给动物提供无污染无公害的绿色饲料，所生产的产品为有机绿色畜产品，这种畜产品具有无污染物残留、无药物和激素残留的特性，是一种纯天然、高品位、高质量的健康食品。

4. 有利于提高畜牧业生产的经济效益

生态畜牧业生产的畜产品为有机绿色产品，符合国际国内市场的需求，深受消费者青睐，其价格一般高于同类产品；生态畜牧业采用营养物质多级循环利用技术，将前一生产环节的废弃物作为下一生产环节的原料，降低了生产系统的投入，提高了系统有效产品的产量。因而，提高了畜牧业生产的经济效益。

5. 有利于扩大就业门路

生态畜牧业生产环节多，既包括饲料生产、动物繁育、动物养殖、畜产品加工、畜产品流通与销售等主流环节，又包含废弃物转化和利用的相关的种植业和养殖业；既是劳动密集型产业，又是技术型密集型产业。发展现代生态畜牧业，需要大量的各种类型的劳动者。因此，建设生态畜牧业，有利于扩大就业门路，为更多的劳动者发挥才智创造条件。

二、生态畜牧业产业化生产体系的组成

（一）饲草饲料生产与加工

畜牧业生产的实质是人类通过畜禽把牧草饲料转化为畜产品的过程。饲草饲料是生态畜牧业发展的物质基础。饲料生产与加工技术主要包括 3 方面的内容：一是饲料作物和牧草的栽培技术；二是饲料、牧草和农作物秸秆的加工与利用技术；三是非常规饲料资源开发与利用技术。

1. 饲料牧草生产技术

在生态畜牧生产中，主要栽培的饲用植物有豆科牧草、禾本科牧草、禾谷类饲料作物、豆科类饲料作物、块根块茎类饲料作物、叶菜类饲料作物和水生饲料作物。饲料牧草生产的关键技术包括以下几方面。

（1）建立饲料作物和牧草良种引进、培育和繁育体系。引进、培育、纯繁优质高产抗逆性强的牧草饲料作物种子，是提高饲料牧草产量的重要措施。建立饲料作物和牧草种子繁育基地，是实现饲料作物和牧草种子良种化的前提条件。在饲料牧草种子繁育体系建设过程中，应重点抓好原种生产、原种繁育、种子贮藏和种子销售与种子质量检测和监管体系，坚决打击生产销售假冒种子，杜绝假冒种子进入流通领域。

（2）合理区划、布局饲料作物和牧草种植。在特定地区或特定部门栽培的饲料作物和牧草应当是适应当地气候条件和生态条件，牧草或饲料作物的产品满足畜牧业生产的需求，产草量高、草的品质好，经济效益高。应注意避免盲目追求产草量而忽视草的品质、忽视牧草栽培所需的气候条件和土壤条件。例如，紫花苜蓿、红豆草、紫云英、小冠花、沙打旺、黄芪、毛苕子等豆科牧草和羊草、披碱草、冰草、苇状羊茅、无芒雀麦等适宜在干旱地区种植，三叶草、百脉根、黑麦草、苏丹草、鸭茅等适宜在水肥条件好的地

区种植。玉米、胡萝卜、南瓜、西葫芦、苦荬菜、聚合草、串叶松香草、紫粒苋适宜在水肥条件好的地区种植。高粱、大麦、大豆、蚕豆等饲料作物，可在干旱地区种植。

（3）科学播种。播种前，应用机械法去除种子外壳或芒，以利于种子发芽，应用促生长剂、灭虫剂、微肥等对种子进行包衣处理，以提高种子生活力、抗病虫害力和发芽率。发芽期要求温度低、苗期耐寒的饲料作物，如苦荬菜、紫花苜蓿等应在早春播种，幼苗不耐寒的饲料作物如玉米、高粱、大豆、苏丹草等应在晚春和夏季播种。在建立人工草地时，利用不同种类生物生态位互补原理，将豆科牧草和禾本科牧草混播，可提高牧草产量。混播牧草饲喂牛羊，可提高牛羊日增重和产肉量。

（4）灌溉。禾本科牧草在拔节和抽穗期，豆科牧草在现蕾开花期生长速度快，对水需求量大，此时灌溉，可提高牧草产量。多次刈割的牧草，在每次刈割后灌溉，可促进牧草生长，提高牧草产量。

（5）施肥。禾本科牧草和饲料作物对氮肥需求量较大，豆科牧草和饲料作物对磷肥需求量大，玉米在拔节期对氮肥需求量大，青饲料作物对氮肥和磷肥需求量大，以收获籽实为主的饲料作物对磷、钾需求量大，也应配合适量氮肥。以收获块根块茎类饲料作物为主时，应注意磷肥和钾肥的施用。畜禽粪尿、人粪尿以及磷肥等迟效肥应作为基肥使用，氮肥既可作为底肥，也可作为追肥使用。

（6）清除杂草及防治病虫害。病虫害侵袭牧草和饲料作物，导致牧草和饲料作物减产甚至绝收。杂草与饲料作物和牧草争肥、争水、争阳光和争空气，杂草的存在可传播病虫害、混杂牧草种子。病虫害和杂草的清除方法是通过检疫杜绝草种混杂，病虫害流行，施用腐熟厩肥，杀灭病虫害和杂草种子，减少人工草地杂草和病虫害的发生；进行合理密植、轮作倒茬、清除杂草、采用机械方法或化学方法人工除草，可提高饲料作物的产量。利用病虫害天敌消灭病虫害，合理使用农药，杀灭病虫害。

2. 粗饲料加工技术

粗饲料是指含水量在 45% 以下，干物质中粗纤维含量在 18% 以上的饲料。粗饲料体积大，难消化，可利用养分少，一般可作为牛、羊、马、兔等草食动物的基础日粮。粗饲料加工的主要技术有以下几种。

（1）脱水。脱水主要是对青草或饲料作物进行处理以获得青干草。青干草是指青绿饲料或牧草经过日晒或人工干燥除去大量水分所形成的产物。青干草是高产草食动物的基本饲料。调制青干草的方法有日晒和人工干燥两类。日晒调制青干草的关键技术是：将割下的青草薄铺在地面、暴晒、勤翻动，使牧草水分迅速降至 30%~40%。然后，将其堆成松散小堆或移至通风良好的棚下阴干。国外采用 500~1 000℃ 的热空气使牧草脱水 6~10s，可调制获得含水量为 5%~10% 的青干草。

（2）机械处理。将农作物秸秆切短，便于动物采食。饲喂牛可切短为 3~4cm，饲喂羊可切短为 1.5~2.5cm，饲喂马可切短为 2~3cm。饲喂鸡、猪的青干草，必须制作成草粉。

将粉碎的草粉与其他辅料混合制成颗粒料或块状料，可减少浪费，提高饲料能量和物质转化率。成年牛颗粒料直径为 9.5~16mm，犊牛颗粒料直径为 4~6mm。

（3）化学处理。用氨水、尿素、石灰水或氢氧化钠溶液处理秸秆，破坏植物细胞壁木质素和粗纤维结构，提高粗饲料利用率。

①氨化秸秆的做法是：将农作物秸秆切短，填入干燥的容器内，100kg 秸秆拌入 12kg 25% 的氨水，密封，经过 7~10d，即可使用。使用前，应将氨化秸秆平摊在通风处，待氨味消失后即可使用。

②用尿素处理农作物秸秆的技术要点是：将农作物秸秆切短，填入干燥的容器内，100kg 秸秆拌入 60kg 5% 的尿素水溶液，密封，经过 7~10d，即可使用。

③用氢氧化钠水溶液处理农作物秸秆的技术要点是：将农作物

秸秆切短，填入干燥的容器内，100kg 秸秆拌入 30kg 1.5% 的氢氧化钠溶液，密封，经过 7~10d，即可使用。

（4）微生物处理。将秸秆粉碎，拌入 10% 麦麸，用 1% 盐水浸泡，拌入微生物制剂，如乳酸菌、酵母菌以及其他活性微生物，装入容器中，密封数日，即可使用。

3. 青贮饲料加工技术

青贮饲料是将新鲜的青饲料切短装在密闭的容器内，经过微生物发酵作用，制成具有特殊芳香气味，营养丰富的多汁饲料。青贮饲料基本保持了青饲料的养分特性，养分损失少，适口性好，耐贮藏，许多具有不良气味的植物如菊科植物及马铃薯茎叶经过青贮，可消灭异味，提高家畜采食量。青贮饲料加工及使用技术要点如下。

（1）原料的选择。用于青贮的原料种类繁多，禾本科牧草、豆科牧草及块根茎类饲料均可用以调制青贮饲料。一般来说，含糖量高的禾本科饲料作物适宜于青贮。豆科牧草含糖量低，单独青贮难以成功，需和含糖量高的玉米秸、高粱秸秆以及其他青绿饲料混合青贮。青贮原料含水量应为 65%~75%，含水量过高或过低，均不利于青贮。

（2）切碎。将原料切碎混匀，并拌入添加剂。

（3）装料。将切碎的原料逐层填入容器中，每装 30cm 踏实压紧 1 次，不留空隙。当原料填装到高于窖平面 60cm 以上，停止装料。

（4）密封。在压实的原料上覆 1 层塑料布或软草，然后覆盖土层或草泥 30~50cm，拍紧抹严。在 3~5d 内，每天检查青贮容器是否有裂缝透气。若发现裂缝透气，需立即修补密封。

（5）青贮饲料的使用技术。在装料 45~60d 以后，就可启用青贮饲料。启用时，从青贮窖一侧，沿窖壁启 50~80cm 宽的一条缝，一直启用到窖底形成一剖面，以后按每天用量在剖面上切 1 层，切下之后的新鲜剖面用塑料覆盖。

4. 配合饲料生产技术

在饲养实践中，通常是根据畜禽饲养标准所确定的各种营养物质的需要数量；选用适当的饲料，为各种不同生理状态与生产水平的畜禽配合日粮。日粮是指一昼夜内一头家畜所采食的各种饲料。日粮中营养物质的种类、数量及其相互比例，若能充分满足畜禽的营养需要，则称为全价日粮。配合日粮实际上是为相同生产目的的大群畜禽配制大批的混合饲料，然后按日分次饲喂或任其自由采食。这种按日粮中各种饲料所占比例配得的大量混合料，称为"饲粮"。

配合日粮时，应参照使用我国有关部门颁布的主要畜禽的饲养标准，若无我国制订的畜禽饲养标准，则可以暂用其他国家的标准，并根据畜禽生长发育状况进行修正。配合饲料原料应多样化，适口性好；应根据畜禽消化生理特点，选用适宜的饲料，控制日粮粗纤维含量。如对牛、羊等反刍家畜，可多利用含粗纤维的粗饲料，猪、禽等单胃家畜，则不宜多喂粗饲料。日粮的体积要和畜禽消化道的容积相适应，日粮体积过大，饲料吃不完，降低各种营养物质的摄入量。日粮体积太小，家畜有饥饿感觉，引起不安。每日100kg体重的干物质供给量是：奶牛2.5~3.5kg，役牛2.0~3.0kg，役马1.8~3.0kg，绵羊2.0~3.0kg。

配合饲料的优点是能提高生产性能，缩短商品畜禽饲养周期；节约粮食，合理利用饲料资源；使用方便，节省设备和人力；饲用安全，有利于畜禽健康。配合饲料工厂设有预混搅拌装置，可以基本保证微量成分（如维生素、微量元素、抗生素等）混合均匀。因而，可以避免因混合不均匀而引起缺乏症或中毒等现象。

全价配合饲料是指能满足畜禽所需要的全部营养物质的配合饲料。这类配合饲料主要适用于集约封闭式饲养鸡、猪等使用。浓缩饲料是由蛋白质饲料、矿物质饲料和添加剂预混料，按一定比例配制成的均匀的混合料。供猪、鸡使用的浓缩饲料含粗蛋白30%以上，矿物质和维生素的含量也高于猪、鸡需要量的2倍以上，必须添加能量饲料才可用于动物养殖。生产浓缩饲料，不仅可以减少能量饲料运输及包装方面的耗费，且可弥补用户非能量养分的短缺，使用方便。添加剂预混料，又称添加剂预配料或预混料，是由多种营养物质添加（如氨基酸、维生素、微量元素）和非营养物质添加剂（如抗生素、激素、抗氧化剂等）与某种载体或稀释剂，按配方要求比例均匀配制的混合料。它是一种半成品，可供饲料加工厂生产全价配合饲料或蛋白质补充料使用，也可供饲养户使用。在配合饲料中，预混料添加量为 0.5% ~ 3%。添加剂预混料作用很大，具有补充营养，促进畜禽生长、繁殖，防治疾病、保护饲料品质，改善畜产品品质等作用。精料补充料又称精料混合料，主要是由能量饲料、蛋白质饲料和矿物质饲料组成，用于饲喂牛、羊等反刍家畜，以补充粗料和多汁料中不足的营养部分。初级配合饲料通常是由两种以上单一饲料，经加工粉碎，按一定比例混合在一起的饲料。其配合比例只考虑能量、粗蛋白、钙、磷等几项主要营养指标，所以营养不全，质量差。但是，与单一饲料或随意配合的饲料比较，其饲喂效果要好得多。

（二）动物优良品种选育与繁殖

1. 选种

从动物群体中选出符合育种目标的优良个体留作种用，同时淘汰不良个体的过程，就是选种。选种的目的在于增加群体中的优良基因，减少不良基因，从而定向改变群体的遗传结构，在原有群体基础上创造出新的类型。选种时，既要选好种公畜，也要重视选好母畜。种公畜的需要量比母畜少，但对群体的影响很大。

2. 选配

选配就是有计划地选配种公畜和母畜，使它们产生优良的后代。通过选配可以有目的地组合后代的遗传基础，培育出品质优良的畜群。选配的方法有两种。

（1）同质选配。根据亲本双方外形特征组织选配，是指选用品质相同或相似的异性个体进行交配，其目的在于获得与双亲品质相同或相似的后代，使后代群体中具有某些优良性状的个体数量不断增加。在进行同质选配时应注意，选配双方应有共同的优点，没有共同的缺点；尽量用最好的公畜配最好的母畜，或者用最好的公畜配一般的母畜，不要用一般的公畜配一般的母畜。

（2）异质选配。指选用不同品质的公畜和母畜交配，其目的是选用具有不同优良性状的个体交配。通过基因重新组合，结合双亲的优点，提高后代的品质。

3. 近交

近交是指 5 代以内，双方具有共同祖先的公母畜之间的交配。在畜禽中，近交程度最大的是父女、母子和全同胞之间的交配，其次是半同胞、祖孙、叔侄、姑侄、堂兄妹、表兄妹之间的交配。

4. 杂交

杂交是指不同种群（物种、品种、品系）的公母畜之间的交配称为杂交。杂交的方法有以下 5 种。

（1）简单杂交。简单杂交是指选用能够产生最大杂种优势的两个品种或品系，直接进行品种或品系之间的二元杂交，所产生的杂种一代无论公畜和母畜，全部用于商品生产。对于特定地区，开展二元杂交时，应以当地最多的品种或品系作为母本，以经过试验引进的品种或品系作为父本。

（2）三元杂交。选用能够产生最大杂种优势的 3 个品种，先用其中两个品种进行第一次杂交，选用杂种一代母畜同第三个品种进行第二次杂交，最后利用三元杂种生产畜产品。目的是利用杂种后代及母畜的杂种优势。三元杂交比二元杂交复杂，需要保持 3 个品种，并要有杂种一代母畜群，但三元杂交的效果比二元杂交好。

（3）导入杂交。在一个品种或种群基本上符合发展要求但存在某些缺陷时，选择一个与该品种相同但能改进这些缺陷的品种与该品种进行杂交，目的是改良某些缺陷，并不是改变它的特性。

（4）级进杂交。两个品种杂交得到的杂种连续与其中一个品种再进行交配，直至被改良的品种得到根本改造，最后得到的畜群基本上与一个品种相同，但也吸收了另一个品种的个别优点。这种杂交方式称为级进杂交。经验证明，用细毛羊改良粗毛羊，肉用牛改良役用牛，一般杂交到 3~4 代就可以了；猪的级进杂交以 2~3 代为宜。代数过多，杂种体质下降。

（5）双杂交。用 4 个品种先两两分别进行简单杂交，产生二元单交种，然后再利用这两个二元单交种进行杂交，产生四元双交种，无论公母都进行商品生产，目的是利用杂种后代母本和父本的杂种优势。

5. 人工授精

借助器械将经过稀释或冷冻的公畜精液注入发情母畜的生殖道内，以代替家畜自然交配的技术，称为人工授精。人工授精的优点是：加速了品种改良的速度，扩大了最优秀的公畜配种能力和配种范围，使良种遗传基因的影响显著扩大，在母畜数量一定条件下，减少了用于配种的种公畜数量，降低了种公畜的饲养费用；家畜的冷冻精液经过检疫后，还可以进行国际间交流和贸易。由于公畜、母畜不接触，人工授精又有严格的技术操作规程，可以防止生殖道疾病的传播和流行。

冷冻精液是在超低温环境下将精液冻结成固态，以长期保持精子的受精能力。使用冷冻精液可以不受地域、时间的限制，大幅度减少了饲养公畜数，提高了优秀种公畜的利用率，促进了品种改良。目前广泛应用的剂型有细管型、颗粒型和安瓿剂 3 种。以细管型为主。

输精是将解冻的精液输入发情母畜的生殖道。输精的时间应比使用新鲜精液适当推迟一些，间隔时间也应该短一些。要求将每头份的精液全部输到子宫内或子宫颈口以前的部位，以保证有较高的受胎率。

6. 发情控制

发情控制就是通过人为的方法改变母畜的发情周期，包括同期发情和诱导发情。同期发情是指用激素处理母畜，使一群母畜能够在一个短时间内集中发情，并能排出正常的卵细胞，以便达到同期配种、受精、妊娠、产仔的目的。同期发情技术主要是采用孕激素（孕酮、甲孕酮、氟孕酮、氯地孕酮及甲地孕酮等）、前列腺素、促性腺激素［孕马血清促性腺激素（PMSG）、绒毛膜促性腺激素（HCG）、黄体生成素（LH）］等激素类药物，对母畜进行处理，使一群母畜在较短时间内集中发情，采用同期发情技术可以充分利用冷冻精液，便于进行规模化、规范化和科学化的畜牧生产，同时也为胚胎移植创造条件。诱发发情是指对乏情期母畜注射外源性激素如促性腺激素、前列腺素、某些生理活性物质如初乳，通过内分泌和神经作用，激发卵巢活动，使卵泡生长发育、成熟和排卵。诱发发情可以调整产仔季节，使奶畜一年内均衡生产，使肉畜按计划出栏；诱发发情技术还可以使母畜在全年任何季节发情，增加母畜妊娠胎次，增加泌乳期和产仔数。

7. 超数排卵

超数排卵是指应用外源性激素诱发卵巢多个卵泡发育，并排出具有受精能力的多个卵子，目的是诱导母畜一次生产多个胚胎，为胚胎移植奠定基础。超数排卵处理的时期应选择在发情周期的后期，即黄体消退时期。为获得良好的超排效果，必须在注射促性腺激素的同时，使卵巢上的黄体在一定时间内退化。如果在发情周期的中期进行超排处理，需要在施用促性腺激素后 48~72h 配合注射前列腺素，促使黄体消退。

8. 胚胎移植

胚胎移植是指将良种母畜配种后的早期胚胎取出，移植到同种的生理状态相同的母畜体内，使之继续发育成为新个体，也称作借腹怀胎。提供胚胎的个体为供体，接受胚胎的个体为受体。胚胎移植实际上是产生胚胎的供体和养育胚胎的受体分工合作共同繁殖后代的过程。胚胎移植产生的后代，遗传物质来自供体母畜和与之交配的公畜，而发育所需的营养物质则从养母（受体）获得，因此供体决定着它的遗传特性（基因型），受体只影响它的体质发育，胚胎移植可以代替活畜引进。

9. 胚胎工厂化生产

胚胎工厂化生产也称为体外受精，是指运用活体采卵技术或从死亡母畜卵巢中采集卵母细胞，在体外培养卵母细胞至成熟，并使其在体外与精子结合，形成受精卵，发育至桑葚胚或囊胚的过程。

（三）科学化规范化的畜禽饲养管理

制订科学规范化的饲养管理制度，是减少不利因素对动物生产性能影响，提高畜牧业生产效益的重要措施。科学规范化的饲养管理措施应当充分考虑动物的生物学特性，动物行为特点，气候条件，生产所需的饲喂设备以及动物的年龄、性别特点。饲养管理制度确定以后，应保持相对的稳定，以便于生产者和畜禽适应。

1. 家畜饲养管理一般原则

（1）合理分群。将品种、体重、年龄、性别和体质相似的家畜编为一群，可减少争斗现象。

（2）确定合理饲养密度。饲养密度过小，浪费畜舍及设备。饲养密度过大，造成局部环境恶化，应激加剧，生产力下降。

（3）提供充足饲料和饮水，确保家畜生产、生长发育和繁殖的营养需要。

（4）适时去势。对于无种用价值的家畜，应及早去势，一方面便于饲养管理，另一方面有利于提高生产性能和畜产品品质。

（5）创造适宜的环境。光照、温度、湿度等环境因子应符合家畜生产的需求，畜舍和畜牧场环境应清洁，无有毒有害物质存在。

2. 幼畜哺乳期的管理

（1）固定乳头，早食初乳。对于哺乳类动物，初乳富含蛋白质、矿物质、维生素和免疫抗体，及早哺乳，早食初乳，可提高幼畜的抗病力。

（2）加强保温，防冻防压。幼畜产热量少，不耐寒，应做好幼畜的保暖工作。应防止母畜压伤仔畜。

（3）提早补料。幼畜在断乳前，应喂开食料。应在反刍家畜哺乳期，为幼畜提供优质青干草，以促进反刍家畜瘤胃的发育。

（4）提供易消化营养丰富的优质饲料。幼畜消化机能不完善，提供优质易消化饲料，可避免消化不良等现象的发生。

（5）保持环境清洁卫生，不喂发霉变质饲料，减少疾病发生。

（6）勤喂多添，适时断乳。

3. 断乳幼畜的管理

（1）适时断乳。哺乳日龄不可过长，也不可过短。仔猪断乳日龄应为 30 日龄左右，犊牛断乳日龄为 30~40d，羊羔断乳日龄为 40d 左右。断乳时，可采取逐渐断乳法。

（2）幼畜留原舍，母畜离开培育舍，减少幼畜的应激。

（3）饲料和饲养管理制度应逐渐从哺乳期向青年期变化，不可突然改变饲料和管理制度。

（4）合理组群。应将性别一致、年龄和体重相差不大的幼畜编为一群，以减少争斗和便于饲养管理。

4. 青年家畜的管理

（1）提供优质饲料，营养物质供给应满足需求，但不可过剩，以免影响性腺发育。

（2）达到性成熟年龄的家畜，公母应分开饲养，以免发生早配，影响种公畜和母畜的繁殖机能。

（3）应加强运动，增强青年家畜的体质。

5. 繁殖家畜的管理

配种前，应加强种畜营养，母畜配种后，也应加强营养。在配种期，应给公畜提供充足的蛋白质和维生素。在母畜妊娠后期，应提高日粮营养水平，以确保胎儿的正常发育。在母畜妊娠期，应提供充足饮水，确保饲料无霉变。在妊娠期，应保持环境适宜，避免应激引起母畜流产。

（四）畜牧生产环境控制与环境保护

1. 选好场址

畜牧场场址的选择，要有周密的考虑，统筹的安排和长远的规划，具体要求如下。

（1）畜牧场场地势应高燥，不宜选择低洼潮湿场地，但也不宜选高山山顶。

（2）畜牧场应背风向阳，场地的坡度以 $2°\sim5°$ 为宜。

（3）畜牧场地要开阔整齐，不宜选择过于狭长和边角多的场地。

（4）畜牧场应位于居民区的下风向或平行风向，但不应位于化工厂、电厂等下风向，以免工业生产排放的废气对畜牧场环境造成污染。

（5）畜牧场应有充足的水源，且水源水质良好，符合饮用水的卫生学要求。

（6）畜牧场应与城镇保持适当的距离，不可过近，也不可过远，一般以 $1\sim5km$ 为宜。

（7）畜牧场供电条件良好，交通方便，与主要交通干线保持 300m 以外的距离。

（8）畜牧场周围地区应有农田，这样，既有消化畜牧场废弃物的条件，又可为动物提供充足的粗饲料。

2. 科学规划，合理布局

大型畜牧场分生产区（畜舍、饲料贮存、加工、调制的场地和建筑)、管理区 (与经营管理有关的建筑物、畜产品加工贮存的建筑物以及职工生活区) 和病畜管理区 (兽医室、隔离舍、死畜处理场、粪尿贮存加工厂)。场区规划的一般原则如下。

(1) 管理区位于上风向处,病畜管理区位于下风向处,生产区位于管理区和病畜管理区之间。

(2) 要按畜牧场生产工艺的要求,合理布局建筑物的位置。如犊牛舍、青年牛舍、成年母牛舍应依次排列,相对集中,便于生产和管理。

(3) 大型畜牧场畜舍应坐北朝南,呈双列式排列,两列畜舍中间和两侧各有道路相连,若中间道为清洁道 (污道),两侧道则应为污道 (清洁道)。

(4) 畜牧场应距居民区 200m 以上,畜舍之间应保持 10m 以上的距离。

3. 确定科学的生产工艺

畜牧生产各个环节如配合饲料生产、繁殖家畜舍、产房、幼畜培育舍、育成舍、肥育舍应密切联系,确保生产顺利实施。

肉牛、肉羊和肉猪应划阶段分群管理,肉牛一般分 3 个阶段分群饲养,第一阶段为 6 月龄以前的犊牛,第二阶段为 7~8 月龄的育成牛,第三阶段为 18 月龄以后的青年牛和成年牛。肉猪在体重为 20~40kg 为第一阶段,40~70kg 为第二阶段,70~100kg 为第三阶段。应根据家畜个体生长阶段特点,确定饲养管理方法。

4. 畜舍设计与管理

(1) 选择适宜的畜舍形式。在炎热地区,应选用开敞式牛舍,在屋顶下部可设置贮存干草的草棚,既有利于利用空间,又起到了隔热的作用。亚热带地区,宜选用半开放式畜舍。寒冷地区,宜采用有窗封闭式畜舍,这种畜舍需要采用保温屋顶和保温体。在我国北方草原地区,冬季可用编织袋 (塑料膜) 和棚布搭建临时性的暖棚,以防风雪,减轻严寒对家畜生产的不良影响。

（2）选择适宜的外围护结构。在以防寒为主的地区，畜舍高度不宜过大，以减少外面积和屋顶面积，减少散热。畜舍地面应隔热保温，不硬不滑，易于清扫。畜舍门在满足通风照明和生产要求的前提下，应尽量减少。

（3）畜舍的照明设计。畜舍照明时间依不同畜禽、不同生长阶段或不同生理时期参照有关标准而定。

（4）畜舍的通风。根据气候变化，通过开启或关闭门窗，可组织自然通风。也可安装风机，进行正压通风或负压通风，对气流进行冷却或加热处理后，使其沿一定管道通过气孔流向畜体，以达到降温或保暖的目的。

5. 畜牧场和畜舍环境的管理

（1）严格执行消毒制度，消灭病原体。

（2）及时清除畜舍内的粪尿污水，减少有害气体的产生。勤换垫草垫料，尽量减少有害气体及寒冷对家畜的不良影响。

（3）根据气候变化的情况，合理组织通风，冬季封闭门窗，减少冷风侵入；夏季增加通风量，以利畜体散热。在炎热干燥地区，向畜体喷水降温，以增加畜体散热。

（4）冬季饮温水，夏季饮冷水。

（五）动物福利与动物保健

生态畜牧业既关注动物种群的保护，更重视集约化、工厂化畜牧业生产中动物个体的保护。保护动物个体的实质，就是为动物创造符合其生物学特性的生存空间和环境，给动物带来康乐即动物福利。动物个体保护的另一层含义就是保护动物免受疾病折磨，避免对动物实施残忍的行为，改善处置动物的方式，减少动物的应激和紧张，即为动物保健。动物福利与动物保健既是保护动物的需要，也是进行优质畜产品生产的需要。疾病流行会导致动物大量死亡，使动物生产难以顺利进行。生存环境恶劣，会引起动物应激，如运输应激、管理应激、屠宰应激，导致畜产品品质下降，出现白肌肉

（PSE 肉）和黑干肉（DFD 肉）；环境恶劣，还会导致动物行为异常，争斗剧烈，种畜不育或不孕。因此，对动物进行保护，有利于提高畜牧业生产水平和畜牧业生产效益。在畜牧业生产中，有利于动物福利和动物保健的技术措施如下。

（1）为动物创造适宜的环境，减少热、冷、光等环境因子剧烈变化引起的应激。

（2）提高集约化畜牧业生产的管理水平，力求生产工艺规范化、管理程序化、操作准确化，避免管理不当对动物的损害。

（3）改进生产工艺设备，工艺设备不仅要便于劳动生产力的提高，也应符合动物的生物学特性及行为特点，既要满足动物维持生命和健康的需要，也要满足动物舒适的需要。如改笼养为厚垫草网上平养，并设置产蛋箱。

（4）采用散养，为动物提供广阔的活动空间和采食机会。

（5）改进运输和屠宰工具和方式，减少动物痛苦。

（6）群体密度适宜，饲喂优质全价饲料，严防农药等有毒有害物质进入饲料。

（7）严格检疫，防止病畜出入扩散病原。

（8）预防接种，进行主动免疫，提高动物对流行病的抵抗力。

（9）对畜牧场畜禽粪便进行无害化处理，对畜牧场、畜舍和设备定期消毒，铲除病原形成和扩散的环境。

（10）合理使用保健剂：动物保健剂应符合国家标准要求，具有效果好、毒副作用小、无耐药性、无残留等特点。

（六）畜产品加工

畜产品加工是指运用物理、化学、微生物学的原理和方法对动物产品及其副产品进行加工处理以提高其利用价值的过程。畜产品加工是畜牧业产业化必不可少的重要环节。畜牧业生产的目的是为人类提供肉、乳、蛋、皮、毛等产品。动物养殖仅是畜产品生产的一个环节，其产物一般不能直接为人类利用，即使直接利用，也会对人类健康构成危害。因此，畜产品在利用前必须进行加工。此外，畜产品含水量大，蛋白质和脂肪含量多，若不加工，难以保存和进入市场流通领域。因此，必须对动物产品进行加工以提高其经济价值。实践证明，单纯发展动物养殖而忽视畜产品加工，往往会导致卖肉难、卖蛋难、卖乳难等现象发生，使畜牧业社会化大生产难以进行。畜产品加工的主要方法如下。

1. 加热法

对畜产品进行加热以杀灭畜产品中的微生物。加热处理后的畜产品，应密封，并在真空中保存。这样，可避免外界微生物的再污染。

2. 干燥法

除去畜产品中的大部分水分，破坏微生物生存条件，并使微生物脱水乳粉含水量应在 2% 以下，肉松、肉脯含水量应在 17% 以下。

3. 高渗保存法

用糖或盐处理肉、蛋、乳等产品，使畜产品和微生物脱水，抑制微生物的活动。

4. 发酵法

利用微生物发酵产生乳酸、丙酮酸和酒精等以保存食物，如酸牛乳、酸马乳、牛奶酒、马奶酒。

5. 烟熏法

利用木材、果壳等不完全燃烧产生的木乙酸、丙酮、甲醇、醛等作防腐剂，通过它们渗入畜产品中，抑制微生物活动。

6. 放射线法

利用放射线如 α 射线、β 射线、γ 射线杀死畜产品中的微生物，以延长保存期。一般畜产品加工多用 γ 射线杀灭微生物。生产者和经营者可根据市场需求及资源状况，将经过初加工的产品进一步加工成为人类可直接利用的产品，如肉可加工成为腊肉、熏肉、灌肠、火腿、肉松、肉脯、肉干、板鸭、烧鸭、烤鸭、烧鸡等，乳可加工成为果乳、加糖牛乳、纯鲜乳、乳粉、奶油、干酪、冰淇淋、酸乳、奶酒、奶皮子等，蛋可加工成为皮蛋、咸蛋和冰蛋。

（七）畜产品市场与营销

畜产品加工和市场营销是畜牧业产业化的龙头，也是确保畜牧业社会化大生产顺利进行的关键，缺少这个环节，畜牧业生产无法进行。畜产品加工与营销者必须将畜牧业生产的饲料生产、动物养殖、动物遗传繁育、动物疫病防治等环节组织起来，实现一体化经营。这样，一方面，可为企业生产提供质量可靠，数量充足的原材料，为优质畜产品的生产奠定物质基础；另一方面，可降低生产成本，提高企业在市场中的竞争力。畜产品的需求取决于消费需要和社会购买力。畜产品需求具有普遍性、大量性、多样性、连续性、替代性的特点。畜产品加工企业完善管理，提高产品质量，根据市场需求研究开发新产品，增加产品花色品种，是企业生存和赢得市场的最根本的因素。企业制定合理的营销策略，对产品进行精包装，对产品进行科学的定价，组建营销网络体系，加强企业形象及其产品的宣传，是赢得市场的重要措施。

生态畜牧业一体化经营有两种形式：一是畜产品加工企业以市场为导向，通过有效服务和利益吸引，有计划地把畜产品的生产同畜产品加工、销售以及生产资料的供应、技术服务和市场营销等环节联系起来，借以适应市场竞争的需要。二是畜牧生产企业与大型加工企业、商贸企业以契约、资本或土地等方式，自愿组织的经济联合体。生态畜牧业产业化经营的基础是生产各个环节相互需求，具有共同的利益以及各企业的优势互补，其核心是利益兼顾。我国人口多，土地少，畜牧业资源相对分散，"公司+农户"的畜牧业产业化经营方式更符合实际。

三、现代生态畜牧业的经营方式

（一）季节性生态畜牧业经营

所谓季节性生态畜牧业，就是根据草原地区的气候特点和牧草及家畜生长发育的季节特点，在夏秋季多养畜，使之适时地利用生长旺季的牧草，而当冷季来临时，就将一部分家畜及时淘汰，或在农区异地肥育，以收获畜产品。牧草和草地贮草量生长有明显的季节性，而草地饲养的家畜对营养物质的需求则有相对的稳定性，牧草与家畜的"供求"矛盾是制约畜牧业发展的关键环节。例如，在我国草原地区，经一个冬春季后，家畜体重要下降 50%~70%，在灾害年份，往往引起家畜春乏死亡，造成严重损失。发展季节性生态畜牧业，可以克服这个矛盾，提高畜牧业生产水平。进行季节性生态畜牧业经营的关键技术如下。

（1）选择产仔多、生长速度快、早熟的草食家畜品种。

（2）利用杂种优势，培育有高生长强度的畜种进行商品化生产。

（3）利用同期发情技术，促使繁殖母畜在配种、产仔时间上相对集中，并尽可能使幼畜开始采食的时间与草地有青嫩牧草的供给时间相吻合。

（4）实行集约化经营，对拟收获畜产品的草食家畜，在其经济成熟前，必须始终给予精细的饲养管理和充足的营养物质。

（5）应配套建设适应于季节性畜牧业生产的生产设施和服务设施，如屠宰、加工、冷冻、贮运、销售等设施。

（二）现代草地生态畜牧业集约经营

现代草地生态畜牧业经营则强调增加草地建设和动物养殖的投入力度，表现如下。

（1）重视草地建设，通过人工播种、施肥、灌溉、围栏封育，提高草地生产力。

（2）合理控制畜群规模，根据草地生产力，确定适宜的载畜量，防止超载过牧对草原的破坏。

（3）加强畜群补饲，贮存青干草，在枯草季节给家畜补饲青干草和精料，提高家畜生产水平。

（4）加强防寒设施建设，为家畜越冬提供暖棚。

（5）进行计划免疫和药浴，预防疾病发生。

（三）生态畜牧业集约化经营

生态畜牧业集约化经营，就是生产规模化、工厂化，在生产过程中，注意资金、技术、设备的投入，注意家畜粪便等废弃物的处理与利用，将集约化畜牧业生产与环境保护相结合，具有生产力高、生态效益好的优点。提高舍饲生态畜牧业集约经营水平的主要措施如下。

（1）增加高新技术的资金投入，推动动物遗传育种学、动物营养学和动物医学的发展。大力开展生物技术利用研究，培育舍饲高密度饲养条件下，优质、高产、抗病的畜禽优良新品种；广泛推广人工授精技术；加强舍饲高密度条件下畜禽疫病预防与治疗；采用畜产品加工和保鲜技术，提高畜禽饲养和畜产品的科技含量，增加畜产品的使用价值和价值。

（2）增加饲料科学的资金投入，研制能满足畜禽不同生长阶段和不同生产时期全价配合饲料的配方，生产低成本的全价配合饲料或低成本的浓缩料，大力发展添加剂预混料，建立起饲料工业体系。

（3）大机械设备的资金投入，提高舍饲畜牧业的装备水平。这种饲养方式的特点是建设环境控制型畜舍，舍内由人工控制温度、湿度、清洁度和光照等。冬季舍内增温需要热源，有的用热风，先进的用红外线辐射，夏季有专用降温设备。按照畜舍面积和畜禽需要确定照明度。畜舍装有换气设备以保持舍内空气清洁。许多工厂化奶牛场从拌料、投料、挤乳、牛舍冲洗等实现机械化和自动化。养鸡场和养猪场从喂料、供水、除粪都使用机械。家畜粪便用高效机械清扫、集中并经过化学除臭和高温处理消毒、干燥、冷却后打包运出。

（4）加大科学管理的投入，改传统的经验管理为现代科学管理。提高管理决策科学化和民主化水平，建立高效、灵活的组织管理系统。建立科学的饲养管理制度和极严格的畜禽疾病预防制度。强化牧场各环节的分工与协作，将人的管理与计算机管理紧密结合起来，在畜群饲养管理中大力推广计算机和信息技术。

（5）注重畜牧场废弃物的处理与利用。现行的集约化畜牧业割裂了畜牧业与种植业的必然联系，忽视了家畜生物学需求，导致环境污染严重，畜产品质量下降。集约化生态畜牧业经营强调畜牧场废弃物综合利用，例如，在集约化畜牧业生产中，连接粪便加工为饲料和花卉肥料等环节，增加畜牧场污水净化与处理系统，增加利用粪便和污水生产沼气等环节，将集约化畜牧业生产与环境保护相结合。

（四）现代农牧结合型生态畜牧业的经营

利用种植业与畜牧业之间存在着相互依赖、互供产品、相互促进的关系，将种植业与畜牧业结合经营，走农牧并重的道路，提高农牧之间互供产品的能力，形成农牧产品营养物质循环利用，借以提高农牧产品循环利用效率，表现为农牧之间的一方增产措施可取得双方增产的效果。例如，美国依阿华州和明尼苏达州大农场一方面种植大量的玉米、大豆，另一方面饲养种猪、肉猪、肉鸡，建立饲料厂，这些厂用外购的预混料配上自产玉米、大豆为农场家畜生产全价饲料。畜牧场粪便和污水可作为农作物的肥料。这种经营方式提高了农牧生态系统物质循环利用效率，显著降低农牧业生产成本，取得了良好的经济效益和生态效益。

（五）现代绿色生态养畜经营方式

这种经营方式的特点在于使用生态饲料，采用生态方法，生产生态畜产食品，虽然畜禽饲养期较长，价格较高，但生态食品深受消费者欢迎，市场求大于供，开发潜力大。生态饲养畜禽与普通饲养的主要区别：一是要充分考虑家畜的生物学特性和行为要求，让牛、羊、猪、鸡在室外自由活动；二是要使用生态饲料，即使用没有用过化肥和农药的饲料；三是畜禽疫病以预防为主，一般不吃药，如必须用药，要3个月后才能屠宰。生态种植粮食作物的关键是：使用牛粪、猪粪、羊粪等作为农作物肥料，不使用化肥和农药。依靠豆科作物与麦类作物进行轮作使土地保持肥力和减少病虫害，轮作规律是每4年循环1次，如第一年种小麦，第二年种豌豆，第三年种燕麦，第四年种牧草。作物中的杂草主要靠人工清除。

第二节　家畜营养生态技术

一、家畜营养生态概述

家畜营养生态指应用生态学和动物营养学原理，综合考虑环境、畜禽、饲料、产品等多种因素，平衡动物食物供应与发挥畜禽生产性能及维护环境和生态的关系，以实现畜牧业的可持续发展。其目标：一是避免有害物质的残留，生产安全健康畜产品，保障人类健康；二是利用广泛的饲料资源，提高饲料利用率和畜产品产量；三是尽可能提高动物健康体况，减少环境污染，维护生态平衡。

自然条件下，野生、放牧或圈养动物，由于季节、食物、空间、天敌、疾病、争斗等生态因素的制约，动物群体保持着相应的较小的规模。养分作为生物与生物之间、生物与环境之间联系的基本纽带，通过食物链，自然地融入食物网中，贯穿整个生态系统。这时，系统很少需要人为的干预，依赖自然的死淘率、繁殖率保持规模，粪便和臭气很快分解消失，动物的肉、乳、蛋、皮毛等被人类消费或利用。没有严重的污染和大规模的传染病，也没有药物的使用与残留。

家畜集约化生产后，很大程度上改变了养分在畜牧生态系统内外的自然循环，给动物健康、畜产品安全和生态环境带来很大影响，家畜数量的增多带来全球气候的变化，动物性饲料的应用引起疯牛病等疾病，家畜排泄物增多导致水体富营养化等。这时运用生态营养学理论来强化饲料的安全就显得非常重要。当前家畜营养生态更重视从营养技术上改善饲养动物的方式，通过改进饲料工业等手段，在保持动物所需要的营养水平的同时，考虑动物排泄物对环境的影响。

二、家畜营养与动物健康及畜产品安全的关系

（一）饲料中的有毒有害成分对动物健康的影响

1. 植物性饲料中的有毒有害成分

饲料中常用的植物性原料如豆粕、棉籽粕、菜籽粕、花生饼（粕）、玉米、麸皮、次粉、统糠等中有毒有害物质的来源比较复杂，既有其本身固有的天然有毒有害成分，也有外源性污染带来的。饲料中固有的天然有毒有害成分种类繁多，大多是植物体内的代谢产物，对动物可产生各种毒害作用，主要有以下几类：糖苷类（菜子粕中的硫葡萄糖苷、高粱中的单宁）、有毒蛋白和肽（豆类中的蛋白酶抑制素、抗原蛋白）、酚类（棉酚）、有机酸（植酸）、萜类、生物碱（菜籽粕中的芥子碱）、亚硝酸盐、氟等。外源性污染主要有：为防治作物病虫害而使用农药引起的农药残留，如有机氯农药、有机磷农药等；因环境污染导致的有毒有害物质的蓄积，如汞、铅、镉、铬、钴、砷等；收获后贮存不当产生的黄曲霉菌、沙门菌的污染等。

2. 动物源性饲料中的有毒有害成分

动物源性饲料主要有鱼粉、肉粉、肉骨粉（骨粉）、羽毛粉、乳清粉、动物内脏、蚕蛹、生鸡蛋清及贝类、甲壳类动物等，它们

都是优质的蛋白质饲料。在饲料工业中应用最多的是鱼粉、肉骨粉（骨粉）、乳清粉和贝壳粉。此类饲料原料中的有毒有害物质来源多样：其本身固有的，如动物性蛋白质饲料中含有组胺和抗硫胺素等；在生产过程中被污染的，如骨粉中含有重金属等；加工过程中产生的毒素，如高温加工的鱼粉能产生导致鸡胃糜烂的糜烂素等；贮存过程中产生的毒素，如因酸败、霉变、腐烂而滋生的致病菌、寄生虫及细菌毒素等。

3. 矿物质饲料原料中的有毒有害成分

矿物质饲料原料中的有毒有害物质主要有铅、镉、铬、氟、砷等金属和非金属化合物。它们是矿物质中天然存在的，因产地不同，所含的有毒有害物质的种类和含量有所不同。此类物质有很强的毒性，如长期摄入含铅超标的食品会造成慢性铅中毒，摄入含氟超标的食品会导致人的血钙降低、骨质增生、椎间隙变窄等。

4. 各种饲料原料中的主要抗营养因子

抗营养因子是饲料自身所固有的成分，可以破坏或阻碍营养成分的消化吸收和利用，从而降低饲料利用率，影响畜禽的生产性能，增加动物排泄物的排出。

抗营养因子对饲料营养价值的影响和动物的生物学反应见表4-1。

表4-1　饲料中各种抗营养因子的作用

因子种类	因子作用
抗胰蛋白酶、凝乳蛋白酶抑制因子、植物凝集素、酚类化合物、皂化物等	对蛋白质的消化和利用有不良影响
淀粉酶抑制剂、酚类化合物、胃肠胀气因子等	对碳水化合物的消化有不良影响
植酸、草酸、棉酚、硫葡萄糖苷等	对矿物元素的利用有不良影响
双香豆素、硫胺素酶等	维生素拮抗物或引起维生素需要量增加
抗原蛋白	刺激免疫系统，引起过敏反应
水溶性非淀粉多糖、丹宁等	对多种营养成分利用产生影响

各类抗营养因子中，由于饲料的合成和生物活性不同，它们的抗营养重要性也是不同的。一般来说，蛋白酶抑制因子、凝集素、植酸等起着比较重要的作用，维生素拮抗物、皂化物等则为次要的抗营养因子。在植物性饲料原料中，含抗营养因子最多的是植物的籽实。比如，豆科籽实及其饼粕、禾本科籽实及其糠麸都含有较多的抗营养因子。动物性饲料原料中的抗营养因子主要是淡水鱼类及软体动物所含有的硫胺素酶、禽蛋中抗生素等。这些有毒有害物质影响动物的健康生长，形成劣质畜产品，重者会引起动物急性或亚急性中毒，甚至死亡。

（二）饲料加工技术对动物健康及畜产品安全的影响

1. 原料的控制和安全贮存

饲料原料是安全饲料生产的第一个控制点，有些植物性饲料原料在生长过程中由于受病虫侵害而大量使用农药防治，造成谷物产品的农药残留大大超标，饲料厂在接收原料时应加强对农药残留的检测。饲料原料水分是安全贮存的关键，尤其是一些刚收获的植物性原料，水分一般都达不到安全贮藏的标准，致使贮藏过程中易受霉菌污染而产生大量霉菌毒素，继而使生产的饲料品质恶化。因此，需要改善原料的贮存条件和控制饲料原料的水分（安全水分在12%以下），尽可能减少霉菌的污染。

目前，原料掺假现象也十分严重，在接收原料时要通过严格的检测或化验，确认是否符合质量标准，坚决杜绝不合格原料进厂。

2. 原料的清理

在饲料加工中，人们往往重视饲料原料中的大型杂质和磁性杂质的清理以保证饲料加工设备的安全，而对饲料中小型杂质的清理常常忽视。这些小型杂质成分复杂，是各种有害微生物滋生的场所。当原料中水分和温度适宜其生长时，原料的营养又是其培养基，使其快速生长产生大量有害物质，对饲料安全构成威胁。因此饲料生产中对小型杂质也要进行清除以有利于饲料的安全，保证产品质量。

3. 饲料配方中各种添加物的控制

饲料配方除了需满足畜禽的生产性能要求外，所添加的原料应符合国家的卫生标准，同时应贯彻国家在饲料方面的有关法规，严禁使用违禁药物和抗生素药渣。对于需要添加药物的饲料，应添加国家准许应用的药物，同时必须符合适用动物范围、用量、停药期和注意事项要求。为了节约饲料生产成本，充分利用饲料资源，一些非常规饲料原料被应用。使用这些原料时，首先要保证其本身的安全性，对于本身具有某些毒性的原料，应采取措施加以防范。

随着生物技术的发展，转基因作物和其副产品用作饲料的比例在逐渐增加，诸如高油玉米、高赖氨酸玉米、低毒油菜籽饼粕、高蛋氨酸大豆等原料已在饲料生产中应用。但这些转基因植物用作饲料原料，对动物健康及畜产品的安全性尚未得出一致的肯定结论。所以选择转基因产品用作饲料原料时需持谨慎态度。

4. 饲料加工工艺设计和设备的选择

饲料生产是通过一系列加工设备与输送设备组合而成的，合理设计工艺和选择设备也是安全饲料生产中的重要环节，主要是减少加工过程物料分级和残留，同时利用加工过程中的热处理来消除原料中抗营养因子和有害微生物的影响。

（1）加工过程的分级。在饲料加工中，饲料组分的密度差异、载体颗粒度的不同以及添加剂等微量组分与饲料中的其他用量较大组分之间混合不充分，是导致饲料分级的重要原因。原料的输送、装料和卸料等加工流程也会造成分级，手工操作和加工工艺流程设计不当也易造成分级。减小分级的措施有：合理设计饲料加工工艺流程和选择优质精密的设备；通过调整原料的组成和粉碎的粒度来保证原料混合的均匀；对微量组分进行有效承载，以改变微量组分的混合特性；添加液体组分来增加粉料的黏结；将产品进行制粒或膨化也有助于避免上述现象的发生。对于粉状产品（尤其是复合预混料），混合以后的成品粉状料应尽量减少输送距离以减小物料分级的影响。

（2）加工过程的残留污染。许多因素可造成饲料在设备中残留而导致交叉污染。需在工艺设计和设备选择上采取相应的措施，以减少残留的产生。在工艺设计上，输送过程尽量利用分配器和自流的形式，少用水平输送。在满足工艺要求的条件下，尽量减少物料的提升次数和缓冲仓的数量。吸风除尘系统尽可能设置独立风网，将收集的粉尘直接送回原处以免二次污染，尤其是加药的复合预混料的生产更应这样处理。微量组分的计量应尽量安排在混合机的上部，如果在计量和称重后必须提升或输送则必须使用高密度气力输送以防止分级和残留。药物类等高危险微量组分则必须直接添加到混合机中。为减少残留对饲料的影响可设计一些清洗装置，利用压缩空气对某些设备特殊部位进行清理。在设备选用上，计量设备和电子秤在量程选择上应根据不同配比物料性质来确定。不合理液体添加方式对物料的残留也会带来影响，要予以注意。

（3）热处理工艺的应用。传统的制粒之前，调质热处理的效果取决于温度、时间以及蒸汽的质量。调质的作用是为了提高颗粒饲料的质量，改善饲料消化率，同时可以破坏原料中抗营养因子，杀灭原料中有害微生物，使颗粒饲料的卫生品质得到控制。这种调质处理受到颗粒机结构限制，调质效果并不理想。目前在调质处理上进行了改进，主要是用增加调质的距离来延长调质时间，使调质后饲料的卫生质量得到提高。另一种方法是采用膨胀或挤压膨化方法，充分利用时间、温度，并结合机械剪切和压力，处理强度高，杀菌的效果更明显。膨胀或挤压膨化调质使饲料的卫生质量得到较好保证。

5. 饲料生产过程的管理

饲料生产是较为复杂的，原料的投料点多，生产设备多，输送设备形式多，吸风除尘管路多，因此生产过程的管理是一个系统工程，对安全饲料生产、控制产品质量具有重要作用。

（1）投料与输送设备管理。投料时应检查原料品质是否有变化，发现原料有异常时应及时采取相应的处理措施。所投原料规格应与配方要求相符，各种原料按规定要求投入相应料仓。斗式提升机底部、刮板输送机、螺旋输送机和溜管缓冲段易产生残留，要定期清理。

（2）生产设备管理。应检查设备运行是否正常，有无漏料现象，要防止设备润滑油渗漏对物料的污染。粉碎机要用相应筛板来控制粉碎粒度，注意筛板有无破损。计量设备称量准确性相当重要，要用不同量程计量设备来满足物料的称量，如小品种物料的添加量达不到计量精度要求则小品种物料必须再稀释。确保混合机的混合时间，混合均匀度必须与工艺要求相符。预混料应直接打包，以防运输分级。打包时，要保证打包物料计量准确，同时要加强标签管理防止贴错标签。

（3）除尘系统与清扫。饲料生产过程的除尘和清扫是保证卫生生产的重要措施，每个投料点和易产生粉尘的设备都应设置吸风口，应根据物料特性合理设置除尘系统，最好设置独立吸风系统，吸附的粉尘能直接回到生产设备供二次生产。生产车间和生产设备应及时清扫以防粉尘堆积，清扫后的物料应按规定处理，防止产生二次污染。

6. 加工后饲料贮存管理

加工后物料按规定贮存，防止贮存过程中饲料变质，有利于成品先进先出，运输中不产生污染，严禁饲料与农药、化肥和其他化工产品混装。用户堆放成品时要防止饲料在畜禽舍内被污染。应指导用户正确使用，对加药饲料应注意该产品的停药期，以避免药物在畜产品中的残留。对于从用户回收的饲料应根据不同性质加以处理并有相应的记录。

（三）饲料营养水平对动物健康及畜产品安全的影响

饲料添加剂在畜禽养殖业中发挥显著作用。但是，有些生产者为加快动物生长速度，将一些具有毒副作用且用量极少就可以产生显著效果的饲料添加剂过量、无标准地使用，这样不仅不能达到预期的饲养效果，反而会造成畜禽中毒，影响其生产性能，甚至导致动物死亡，破坏生态环境，造成有毒有害物质聚集，危害人类健康。有些新研制的饲料添加剂没有经过安全性、有效性检验就投产使用，可能会威胁动物健康，危害生态环境。

饲料中营养不平衡或某些营养物质含量过高，导致营养成分不能被利用而随粪便排出，这不仅造成浪费，并导致环境污染。其中氮、磷的排泄污染是国内存在的较严重问题。许多发达国家制定了氮、磷的排放标准，并强制执行，我国在这方面还存在较大差距。

（四）饲料污染对动物健康及畜产品安全的影响

1. 抗生素残留

抗生素对畜牧业发展发挥了巨大的作用，然而在饲料和疾病治疗中长期大量使用抗生素产生了令人担忧的问题。一是耐药性，抗生素添加剂的长期使用和滥用导致细菌产生耐药性，虽然耐药因子的传递频率低，但是由于细菌数量大、繁殖快，耐药性的扩散蔓延仍较普遍，而且一种细菌可以产生多种耐药性；二是残留，抗生素在畜产品中的大量残留不仅影响畜产品的质量和风味，也被认为是动物细菌耐药性向人类传递的重要途径；三是毒副作用，有些抗生素在使用过程中会对动物体产生直接或间接的损伤，破坏动物体健康。抗生素使用过程中产生的上述问题同样会破坏生态系统的平衡。

2. 金属污染

日粮中添加高剂量铜、锌、砷可提高猪的生产性能，一些养殖户在日粮配方中铜、锌、砷的添加量已经达到或超过畜禽的最小中毒剂量时，仍然继续在饲料中大剂量添加这类重金属矿物质，这些金属元素的代谢产物排出体外，不但导致环境污染，同时重金属砷的高剂量添加聚集在畜禽体内，经由肉、蛋、乳进入人体，会直接影响人类健康。

3. 生物污染

生物污染是指饲料遭受微生物及其代谢产物的污染。病原微生物（如细菌、霉菌、病毒、弓形虫等）污染饲料并随后污染畜产品是动物疾病传播的重要途径，如沙门菌中毒、大肠杆菌中毒、葡萄球菌中毒、肉毒梭菌中毒等中毒病症。霉菌污染并超过安全标准是最突出的微生物污染。饲料中若存在这些毒素不但会危害畜禽健康，继而通过残留影响人类的健康，而且这些毒素经由畜禽代谢产物排出体外，还会破坏周围环境的菌群平衡，危害生态系统。

三、保障饲料安全的营养学措施

（一）完善现行饲料质量标准

补充完善现行饲料质量标准，对浓缩饲料、预混合饲料中各种矿物质元素的允许添加量、最大添加量都要给出相应的标准或规定。不断修订饲料中允许使用药物及其添加剂的种类和剂量规定。

（二）把好饲料原料质量关

选择原料时首先要注意选购消化率高、营养变异小的原料，这样可减少粪尿中氮的排出量；其次是要注意选择有毒有害成分低、安全性高的原料，以避免或减少有毒有害成分在畜禽体内累积和排出后污染环境。对于含有天然有毒有害物质的原料，应根据实际需要合理控制，如棉籽饼、菜籽饼粕应选用脱毒饼粕或控制用量，反刍动物饲料中禁止使用肉骨粉等。

当然，饲料加工也影响畜禽对营养物质的消化吸收，需要加强对饲料原料的深加工技术，改进配合饲料的加工工艺。采用膨化和颗粒化加工技术，可以破坏和抑制饲料中的抗营养因子、有毒有害物质和微生物，改善饲料卫生，提高养分的消化率。

（三）改进饲料配方技术

要求养殖者尽量按照动物的不同种类、不同性别、不同生长阶段的营养需要，尽可能准确地估计动物各阶段、不同环境下的营养需要及各营养物质的利用率，设计出营养水平与动物生理需要基本一致的日粮。一方面避免饲料浪费，降低养殖成本；另一方面可降低畜禽粪尿中营养成分的含量，减少对环境的污染。依据"理想蛋白模式"，以可消化氨基酸含量为基础，配制符合动物需要的平衡日粮，可提高蛋白质的利用率，减少氮的排泄。

饲料配方除了需满足畜禽的生产性能要求外，所添加的原料应符合国家的卫生标准，同时应贯彻国家在饲料方面的有关法规，严禁使用违禁药物和抗生素药渣。对于需要添加药物的饲料，应添加国家准许应用的药物，同时必须符合适用动物范围、用量、停药期和注意事项要求。为了节约饲料生产成本，充分利用饲料资源，一些非常规饲料原料被应用。使用这些原料时，首先要保证其本身的安全性，对于本身具有某些毒性的原料，应采取措施加以防范。

（四）研究开发新型饲料添加剂

严格控制同一种抗生素的使用剂量和使用时间，以免产生抗药性。开发高效、安全、环保的新型饲料添加剂，以替代抗生素的使用。

1. 益生素

益生素是一种活的微生物饲料添加剂，通过改善肠道内微生物的平衡而发挥作用，也称活菌制剂或生菌剂、微生态制剂。益生素有很多种，实际中主要使用乳酸杆菌、粪肠球菌、芽孢杆菌以及酵母，其中乳酸杆菌型制剂应用历史最长。益生素能通过改善畜禽肠道环境，减少有害病菌的作用，达到促进畜禽生长发育、改善品质、降低废弃物的排出、净化环境的目的。

2. 酶制剂

在饲料中添加酶制剂，可补充内源性消化酶的不足，破坏饲料中的抗营养因子或毒物，促进营养物质的消化和吸收，改善饲料利用率，从而减少畜禽粪便中营养物质的排泄量。目前，饲用酶制剂主要包括非淀粉多糖酶（纤维素酶、半纤维素酶、木聚糖酶、果胶酶、葡聚糖酶等）、植酸酶、淀粉酶、蛋白酶和脂肪酶 5 类。纤维素酶、阿拉伯木聚糖酶（戊聚糖酶）、葡聚糖酶等可分解纤维性饲料原料，蛋白酶则可直接促进蛋白质原料的分解。在单胃家畜日粮中使用植酸酶可显著提高植酸磷的消化利用率，减少无机磷的添加量，从而减少粪便磷排出对环境的污染。另外，植酸酶可提高猪对日粮蛋白质和氨基酸及钙的消化率。

酶制剂的使用受日粮类型、日粮的营养水平、动物的生长阶段、添加方式和添加剂量的影响，所以添加时应该注意。

3. 中草药添加剂

是以中草药为原料制成的饲料添加剂。其作用主要表现在防病保健、提高动物生产性能、改善动物产品质量和改善饲料品质等方面。防病保健作用主要表现在增强免疫、抑菌驱虫和调整功能等方面；提高动物生产性能主要表现在促进生长、催肥增重、促进生殖等方面；改善动物产品质量主要表现在改善肉质、改善皮毛等方面；改善饲料品质主要表现在许多中草药添加剂具有补充营养、增香除臭、防霉防腐等作用，从而改善饲料营养、刺激动物食欲、延长饲料的保质期限等方面。

中草药饲料添加剂的特点如下。

（1）来源天然性。中药来源于动物、植物、矿物质及其产品，本身就是地球和生物机体的组成部分，保持了各种成分结构的自然状态和生物活性，同时又经过长期实践检验对人和动物有益无害，并且在应用之前经过科学炮制去除有害部分，保持纯净的天然性。这一特点也为中药饲料添加剂的来源广泛性、经济简便性和安全可靠性奠定了基础。

（2）功能多样性。中药均具有营养和药物的双重作用。现代研究表明，中药含有多种成分，包括多糖、生物碱、苷类等，少则数种、数十种，多则上百种。中药除含有机体所需的营养成分之外，作为饲料添加剂应用时，是按照中国传统医药理论进行合理组合，使物质作用相协同，并使之产生全方位的协调作用和对机体有利因子的整体调动作用，最终达到提高动物生产的效果。这是化学合成物所不可比拟的。

（3）安全可靠性。中药的毒副作用小，无耐药性，不易在肉、蛋、乳等畜产品中产生有害残留。

（4）经济环保性。抗生素及化学合成类药物添加剂的生产工艺特别复杂，有些生产成本很高，并可能带来"三废"污染。中药源于大自然，除少数人工种植外，大多数为野生，来源广泛，成本低廉。中药饲料添加剂的制备工艺相对简单，生产不污染环境，而且产品本身就是天然有机物，各种化学结构和生物活性稳定，贮运方便，不易变质。

中草药虽然具有上述优点，但现在的应用还不广泛，其原因在于中草药的组方是大组方，这就使得组方药效很杂，难以精确控制；中草药由于产地、季节、炮制方法等不同，品质也不同，从而会对其使用剂量造成一定影响。

4. 功能性寡糖

寡糖又称低聚糖，是一种由 2~10 个单糖通过糖苷键连接形成直链或支链的低度聚合糖，分功能性低聚糖和普通低聚糖两大类。功能性低聚糖主要包括水苏糖、棉子糖、异麦芽酮糖、乳酮糖、低聚果糖、低聚木糖、低聚半乳糖、低聚异麦芽糖、低聚异麦芽酮糖、低聚龙胆糖、大豆低聚糖、低聚壳聚糖等。人体肠道内没有水解它们（除异麦芽酮糖外）的酶系统，因而它们不被消化吸收而直接进入大肠内优先为双歧杆菌所利用，是双歧杆菌的增殖因子。

寡糖的基本功能体现在两个方面：一是微生态调节剂功能，即通过促进动物大肠有益菌的增殖，提高动物健康水平；二是提高机体免疫力，通过促进有害菌的排泄、激活动物特异性免疫等途径，提高其整体免疫功能。

5. 生物活性肽

生物活性肽是一类存在于天然动植物和微生物等生物体内或动

植物蛋白质经蛋白酶酶解而得，且具有特殊生理活性的物质，是蛋白质中 20 种天然氨基酸以酰胺键组成的从二肽到复杂线性和环形结构低分子肽或多肽类物质的总称。

根据生物活性肽的来源不同可分为四大类：a. 天然活性肽类，如谷胱甘肽、海鞘、海兔环肽和扇贝肽等。b. 蛋白质转化活性肽类，包括乳清肽、大豆肽、玉米肽、酪蛋白肽和水产肽等。c. 微生物代谢活性肽类，主要有多黏菌素、放线菌素、杆菌肽、紫霉素和博来霉素等。d. 人工合成活性肽类，如胰岛素、催产素、加压素、抑胃酶泌素和水蛭素多肽等。

多数生物活性肽是以非活性状态存在于蛋白质的长链中，当用适当的蛋白酶水解时，其分子片段与活性被释放出来。生物活性肽往往能够直接参与消化、代谢及内分泌的调节，其吸收机制优于蛋白质和氨基酸。生物活性肽具有多种人体代谢和生理调节功能，易消化吸收，有促进免疫、激素调节、抗菌、抗病毒、降血压、降血脂等作用，食用安全性极高。

四、减少家畜排泄物的营养技术

畜牧业生产不可避免地会产生大量废弃物，如畜禽的粪尿、畜禽场的废水、垫料、死畜禽以及畜产品加工和禽蛋孵化产生的废物等，这些废弃物都可能污染环境，成为影响人类生活环境和生活质量的重要因素。在保证畜禽经济性能的前提下，如何减少畜禽生产对环境造成的污染，是保证畜牧业可持续发展和人类健康亟待解决的问题。通过营养调控技术提高饲料营养物质的利用率，降低畜禽排泄物中各种成分的残留量，减少环境污染，已成为动物营养学的重要课题。

（一）配制营养平衡日粮

日粮的营养平衡关乎家畜对饲料的利用率、动物生产性能和健康等多个方面，传统的日粮配合技术往往把注意力放在单个营养物质的浓度和日采食总量，缺少对各种营养素之间平衡指标和相应技术的关注，易造成某些营养物质的过剩并从粪便中排出，一方面浪费饲料，另一方面造成环境污染。而通过日粮营养平衡技术，在设计畜禽饲料配方时，不仅要考虑各营养素的供给量，同时还必须保持合适的饲料能量浓度，注意蛋白能量比、蛋白质氨基酸之间的平衡关系以及钙磷及其他矿物元素、电解质的平衡，在配制猪鸡饲料时还应注意脂肪与钙、维生素 D 与钙、磷代谢、必需脂肪酸之间的平衡关系，了解小肽类添加剂对氨基酸代谢的影响，以及植酸酶或各类复合酶制剂对饲料成分消化率的影响等，才可以将饲料中各营养素保持在最佳平衡状态，获得最佳的饲料利用率，降低氮磷等的排泄。

（二）采取适宜的饲料加工调制方法

不仅营养成分的配比会影响畜禽对饲料的利用率，而且对饲料的加工处理，如粉碎、制粒、膨化等也影响饲料中各种营养成分的利用效率。粉碎的粒度要根据家畜种类、年龄、生理状态及工艺要求而定，每一种畜禽在其不同的生理阶段或不同种畜禽之间都有其最适粒度，如肉鸡饲料的粒度可大些，在 15～20 目即可；鱼虾饲料的粒度要求高一些，一般在 40～60 目；特殊饲料的粒度要求更高，在 80～120 目。

饲料在制粒过程中，经蒸汽热能、机械摩擦能和压力等因素的综合作用，可杀灭饲料中的各种有害菌并提高饲料消化率等，但制粒过程中的热加工会造成热敏性营养成分的失效，降低饲料效果，因此有效加工是最新的发展趋势。

谷物膨化一般有两种工艺：一种是挤压膨化，另一种是气流膨化。膨化在高温高压的条件下进行，它能引起饲料的物理和化学性质的变化。试验表明，仔猪采食膨化熟豆粕可降低腹泻率，提高生产性能，且仔猪的血清尿氮明显低于熟豆粕组。

（三）合理应用添加剂

随着畜牧业的发展，各类饲料添加剂和能量饲料、蛋白质饲料三者有机地配合应用，对促进动物的生长、肥育、提高饲料利用率、获得最大的社会效益和经济效益有重大的意义。其中各种酶制剂基本都具有提高养分利用率，降低排泄的作用。如蛋白酶可提高植物性饲料中氨基酸的利用率，减少粪中氮的排泄量。饲料中添加蛋白酶后，氮的沉积率可提高5%~15%。氮沉积率提高5%，意味着20kg重的猪每日少排出0.2g氮，60kg重的猪每日少排出2g氮。小麦、黑麦等麦类饲料中添加以广葡聚糖和阿拉伯木聚糖为主的复合酶制剂，可有效补充畜禽内源酶的不足，消除非淀粉多糖（NSP）的抗营养作用，进而提高饲料中养分的消化率，减少饲料中有机养分的排出。而饼粕类饲料中加入以甘露聚糖和木聚糖酶为主的复合酶制剂，可有效地提高这类饲料中养分的消化率和利用率，减少饲料中养分在畜禽粪尿中的残留量，从而减少有机养分对环境的污染。

在猪禽的饲料中添加植酸酶，可显著提高谷物籽实中磷的利用率，降低配合饲料中无机磷的添加量，减少磷对环境的污染。植酸酶可提高猪饲料中磷的利用率20%~46%；在肉鸡日粮中使用植酸酶，则排泄物中的磷可降低50%。试验表明猪从断乳到育肥结束，在饲料中添加植酸酶与添加无机磷的效果相似，而猪粪便中磷的排出量减少30%~35%。

有机微量元素复合物的效价通常高于无机微量元素，所以用有机微量元素复合物取代无机微量元素，可减少微量元素在饲料中的添加量。在仔猪日粮中添加50mg/kg酪蛋白铜的促生长效果和添加250mg/kg硫酸铜的促生长效果基本一致，但铜的排出量大大降低。用络合锌取代无机锌也可取得良好的效果，同时降低粪中锌的排泄量。

五、减少畜牧业碳排放的营养调控措施

反刍动物是农业温室气体排放的主要排放源，据估计，全球反刍动物每年约产生甲烷8×10^7 t，占全球人类活动甲烷排放量的

28%。反刍动物排放甲烷与它们特有的消化方式有关。甲烷产量与饲料成分及营养平衡程度有关，低质粗饲料甲烷产生量大。影响甲烷生成量的基本机制有两个：第一，瘤网胃中可发酵碳水化合物的量。这一机制影响瘤胃中可发酵碳水化合物与非降解碳水化合物比率。第二，通过瘤胃中产生挥发性脂肪酸的比例调节可利用氢的供应量，随之影响甲烷产量。瘤胃中乙酸与丙酸的相对产量是影响甲烷生成量的主要因素。当瘤胃发酵有高比例乙酸产生时，甲烷的产生量随之提高；而当丙酸比例增高时，甲烷的生成量降低。氢是限制甲烷产生的第一要素，生成乙酸过程中产生大量的氢；而丙酸是氢的受体，形成丙酸的过程中不仅不产生氢，而且还需要吸收外来的氢。在瘤胃发酵过程中产生的氢和甲烷是不可利用的，因而生成乙酸过程伴随着较大的能量损失，而生成丙酸过程意味着甲烷生成量的减少。

畜牧生产中的碳减排主要指减少家畜生产过程中产生的二氧化碳、甲烷和氧化二氮等温室气体的排放量。营养上减少碳排放的措施归结起来主要有改善饲养管理、提高生产性能及添加甲烷抑制剂3个方面。

（一） 改善饲养管理

反刍动物生产过程中甲烷的排放量因动物的采食量、饲料种类、饲粮精粗比及饲养水平的不同变化很大，所以，改善反刍动物饲养管理是抑制反刍动物甲烷生成最有效及现实的途径。

1. 设计合理的日粮结构

不同饲料在瘤胃中产生的发酵类型不同，当饲料品质较高或精粗比适当时，瘤胃内发酵会产生较高比例的丙酸，从而降低甲烷的产量。据试验，玉米青贮、玉米秸秆、国产苜蓿干草、国产苜蓿茎秆、进口苜蓿干草、羊草6种常用饲草的甲烷产量，以玉米秸秆甲烷产量最高，国产苜蓿干草为最低，也即饲草的甲烷产量与其品质成反比，优质牧草甲烷产量低，可提高饲料利用率，减少温室效应。生产实践中，增加以优质牧草为主的粗饲料的比例，采用低淀粉日粮来控制易发酵碳水化合物的摄入量，在不降低生产水平的前提下，可提高饲料转化率，并减少瘤胃甲烷气体的排放。

另外，适当增加日粮中的精料比例，可增加丙酸产量，降低乙酸和丁酸的比例，提高饲料的利用效率和动物的生产性能，降低甲烷产量。

2. 改进饲养技术提高饲养水平

通常能增加食糜的通过速率和过瘤胃的营养物质，减少由于甲烷的排放造成的能量损失，使瘤胃中乙酸比例下降，丙酸比例上升，可以提高发酵尾产物的能量价值。

反刍动物的日粮一般由粗饲料、青绿多汁饲料和精饲料组成。粗饲料能够保持瘤胃食物结构层的正常作用，而精料的加入使之破坏。饲喂时先粗后精，可以使更多的能量通过瘤胃，从而减少甲烷的产生。

少量多次的饲喂方式，可以增加粗料的采食量，增加水的摄入量，提高瘤胃内食糜的通过速度，从而增加过瘤胃物质的数量，减少甲烷的产生。

通过饲料加工可以破坏细胞壁，从而提高饲料利用率，同时也伴随着挥发性脂肪酸分子比例的改变。粉碎或加工成颗粒，能提高丙酸的比例，但过度的加工，使饲料细度过分减少，会导致其在瘤胃中的停留时间缩短，降低饲料的消化率。

（二）提高家畜的生产性能

提高家畜的生产性能是减少农场甲烷排放的有效途径。Gerber等从采用生命周期评估方法（LCA）评估奶牛生产和加工链中温室气体排放量出发，探讨了全球范围内奶牛的生产力和温室气体排放之间的关系，指出以每头奶牛脂肪和蛋白质校正乳（FPCM）产量作为衡量奶牛生产系统的生产力的指标，则在每头奶牛的基础上，产量越高温室气体排放量越高，但每千克脂肪和蛋白质校正乳温室气体排放量则随着动物生产力的升高而下降。奶牛生产系统温室气体排放总量中不同气体的排放量各不相同，甲烷和氧化氮的排放量随着动物生产力的提高而减少，而二氧化碳排放量则随着动物生产力的提高而增加，但增加的幅度很小。因此，提高反刍动物的集约化、规模化、标准化养殖水平，提高单产水平，不仅是满足越来越多牛乳需求的一个途径，也是一个可行的减排途径，特别是在牛产乳量低于 2 000kg/（头·年）的地区。

提高生产性能亦可以与遗传改良和奶牛饲喂系统结合，从而实现最有效地减少甲烷排放。此外，诸如优化畜群结构，淘汰低产畜、病畜，合理有效地利用奶牛饲用年限等，均是提高反刍动物群体生产力，减少甲烷总排放量的主要技术策略。

（三）添加甲烷抑制剂

通过添加适量的甲烷抑制剂可以有效地抑制甲烷的生成。

1. 植物提取物

天然的植物提取物兼有营养和专用特定功能两种作用，可以起到改善动物机体代谢、促进生长发育、提高免疫功能、防止疾病及改善动物产品品质等多方面作用。植物提取物具有毒副作用小、无残留或残留极小、不易产生抗药性等优点。如单宁通过对产甲烷菌的直接毒害作用可以降低 13%～16% 的甲烷，然而过高的添加浓度会降低饲料采食量和消化率。茶皂苷和纯品茶皂苷均可以降低瘤胃甲烷产量，改变瘤胃发酵，但是非皂苷提取物在高浓度下可以提高甲烷产量，且对其他瘤胃发酵指标没有影响。绞股蓝皂苷添加到发酵体系中，能够调节瘤胃微生物发酵，减少甲烷的产生，降低瘤胃原虫数量，增加瘤胃微生物蛋白质产量，适当增加绞股蓝皂苷水平（10mg）能显著提高总挥发性脂肪酸以及乙酸、丙酸、异丁酸、戊酸、异戊酸和支链脂肪酸浓度，提高反刍动物饲料的能量利用效率和减缓甲烷对环境的污染。

植物提取物作为新型甲烷抑制剂具有很大的开发和应用前景。

2. 油脂

饲粮中添加脂肪和脂肪酸后，可以通过不饱和脂肪酸的氢化作用、提高丙酸比例及抑制原虫生长等途径抑制甲烷产生。同时，油脂还可以减少原虫的数量，因为原虫和产甲烷微生物具有共生的关系。所以，间接地减少了产甲烷菌的数量。对甲烷抑制剂的研究多集中在天然的油脂上。据试验，添加油菜籽既可以降低甲烷产量又对日粮消化率和产乳量无负面影响。张春梅等利用瘤胃模拟体外产气法研究了在高精料底物条件下添加富含十八碳不饱和脂肪酸的植物油和亚麻酸对瘤胃发酵和甲烷生成的影响，指出豆油和亚麻油可以显著降低瘤胃产气量和甲烷产量，增加总挥发性脂肪酸含量和丙酸比例。亚麻油和亚麻酸分别在添加量为 5% 和 3% 时能显著降低甲烷的产量，且抑制效果随着添加剂量的提高而增强。

3. 酸化剂

有机酸（如苹果酸和延胡索酸）可通过加快瘤胃发酵体系中氢代谢，从而提高丙酸产量，降低甲烷产量。它的作用不是抑制瘤胃细菌，而是提供另外的氢释放途径。有机酸可提高除甲烷菌外的其他细菌对氢和甲酸的利用。瘤胃中有多种细菌可以利用氢和甲酸，它们都是用来作为电子供体，甲烷的产量可能会随加入容易被此细菌利用的电子受体而降低。有研究证明，添加 6.25mmol/L 的延胡索酸能够减少产生，相当于利用了全部氢的 77%。

但有关延胡索酸对甲烷产量影响的研究报道，结果很不一致，其对甲烷产量的影响程度可能取决于日粮结构及延胡索酸的添加水平。

第三节　畜禽废弃物资源化利用技术

一、畜禽废弃物对环境的污染

随着畜禽养殖量的增加，畜禽的粪尿排泄量也不断增加。一个

400 头成年母牛的奶牛场，加上相应的犊牛和育成牛，每天排粪 30~40t，全年产粪 $1.1×10^4$~$1.5×10^4$t，如用作肥料，需要 253.3~$333.3hm^2$ 土地才能消纳；一个 1 万羽的蛋鸡场，包括相应的育成鸡在内，若以每天产粪 $0.1×10^4$~$0.5×10^4$ kg 计算，全年可产粪 $36×10^4$~$55×10^4$kg（表 4-2），如不加处理很难有相应面积的土地来消纳数量如此巨大的粪尿，尤其在畜牧业相对比较集中的城市郊区。

表 4-2　主要畜禽的粪尿产量（鲜量）

种类	体重	每头（只）每天排泄量/kg			平均每头（只）每年排泄量/t		
		粪量	尿量	粪尿合计	粪量	尿量	粪尿合计
泌乳牛	500~600	30~50	15~25	45~75	14.6	7.3	21.9
成年牛	400~600	20~35	10~17	30~52	10.6	4.9	15.5
育成牛	200~300	10~20	5~10	15~30	5.3	2.7	8.0
犊牛	100~200	3~7	2~5	5~12	1.8	1.3	3.1
种公猪	200~300	2.0~3.0	4.0~7.0	6.0~10.0	0.9	2.0	2.9
空怀、妊娠母猪	160~300	2.1~2.8	4.0~7.0	6.1~9.8	0.9	2.0	2.9
哺乳母猪		2.5~4.2	4.0~7.0	6.5~11.2	1.2	2.0	3.2
培育仔猪	30	1.1~1.6	1.0~3.0	2.1~4.6	0.5	0.7	1.2
育成猪	60	1.9~2.7	2.0~5.0	3.9~7.7	0.8	1.3	2.1
育肥猪	90	2.3~3.2	3.0~7.0	5.3~10.2	1.0	1.8	2.8

　　畜牧场废弃物中，含有大量的有机物质，如不妥善处理会引起环境污染、造成公害，危害人及畜禽的健康。另外，粪尿和污水中含有大量的营养物质（表 4-3），尤其是集约化程度较高的现代化牧场，所采用的饲料含有较高的营养成分，粪便中常混有一些饲料残渣，在一定程度上是一种有用的资源。如能对畜粪进行无害化处理，充分利用粪尿中的营养素，就能化害为利，变废为宝。

表4-3 各种畜禽粪便的主要养分含量 （单位:%）

种类	水分	有机物	氮（N）	磷（P_2O_5）	钾（K_2O）
猪粪	72.4	25.0	0.45	0.19	0.60
牛粪	77.5	20.3	0.34	0.16	0.40
马粪	71.3	25.4	0.58	0.28	0.53
羊粪	64.6	31.8	0.83	0.23	0.67
鸡粪	50.5	25.5	1.63	1.54	0.85
鸭粪	56.6	26.2	1.10	1.40	0.62
鹅粪	77.1	23.4	0.55	0.50	0.95
鸽粪	51.0	30.8	1.76	1.78	1.00

畜产废弃物对环境污染的主要表现有以下几个方面。

（一）水体污染

粪便污染水体的方式主要表现在5个方面。

（1）粪便中大量的含氮有机物和碳水化合物，经微生物作用分解产生大量的有害物质，这些有害物质进入水体，降低水质感官性状指标，使水产生异味而难以利用。若人畜饮用受粪便污染的水，将危害健康。

（2）粪便中的氮、磷等植物营养物大量进入水体，促使水体中藻类等大量繁殖，其呼吸作用大量消耗水体中的溶解氧，使水中的溶解氧迅速降低，导致鱼类等水生动物和藻类等因缺氧而死亡。

（3）粪便中含有大量的微生物，包括细菌、病毒和寄生虫。这些病原会通过水体的流动，在更大范围内传播疾病。

（4）大量使用微量元素添加剂，导致粪便中镉、砷、锌、铜、钴等重金属浓度增加，这些污染物在水体中不易被微生物降解，发生各种形态之间转化、分散和富集。

（5）在畜牧业生产中大量使用兽药，兽药随粪便进入水体，对水生生物及其产品构成危害。

（二）土壤污染

未经处理的畜禽粪便中含有的病原微生物及芽孢在农田耕作土壤中长期存活，这些病原微生物一方面会通过饲料和饮水危害动物健康，另一方面会通过蔬菜和水果等农产品，危害人类健康。

在饲料中大量使用矿物质添加剂，使畜禽粪便中的微量元素如铜、锌、砷、铁、锰、硒含量增加。长期大量施用受矿物质元素污染的畜禽粪便，会导致这些微量元素在土壤和农畜产品中富集。

（三）大气污染

畜牧场在生产过程中可向大气中排放大量的微生物（主要为细菌和病毒）、有害气体（NH_3 和 H_2S 气体）、粉尘和有机物，这些污染物会对周围地区的大气环境产生污染。如 10 万头的猪场，每小时向大气排放 15 亿个菌体、氨 15.9kg、硫化氢 14.5kg、粉尘 25.9kg，污染半径可达 4.5~5.0km。一个存栏 72 万只鸡的规模化蛋鸡场，每小时向大气排放尘埃 41.4kg、菌体 1 748 亿个、二氧化碳 2 087m³、氨 13.3kg，总有机物 2 148kg。畜禽粪尿在腐败分解过程中产生许多恶臭物质。新排出的粪便中含有胺类、吲哚、甲基吲哚、己醛和硫醇类物质，具有臭味。排出后的粪便在有氧状态下分解，碳水化合物产生二氧化碳和水，含氮化合物产生硝酸盐类，产生的臭气少；在厌氧环境条件下进行厌氧发酵，碳水化合物分解产生甲烷、有机酸和醇类，带有酸臭味，含氮化合物分解产生氨、硫酸、乙烯醇、大量的臭气。尿排体外后主要进行氧化分解，释放氨，形成臭味。畜牧场空气的恶臭物质，主要有氨、硫化氢、硫醇、吲哚、粪臭素；脂肪酸、醇、酚、醛、酯、氮杂环类物质等。

二、畜禽粪便的资源化利用技术

畜禽粪便中含有大量的有机质和植物生长必需的营养物质，如氮、磷、钾等，同时也含有丰富的微量元素，如铁、镁、硼、铜、锌等。如果利用生物和化学手段对畜禽粪便进行无害化处理，杀灭其中的病原微生物，将重金属、氨氮等有毒的物质转化、固定后，就可实现资源化利用畜禽粪便的目的。

（一）能源化技术

能源化技术即利用畜禽粪便生产沼气，此种方式可将污水中有机物去除 80% 以上，同时回收沼气作为可利用的能源。据测定，每头奶牛粪便平均每天产生 $1m^3$ 沼气，每饲养 2 900 头奶牛每年排放 4 500t 粪便，通过兴建 6 座 $450m^3$ 沼气发酵池，年产生沼气 $450m^3$，可供 3 000 户居民生活用气。$1m^3$ 的猪场粪水（按 COD 为 10 000mg/L 计）可产沼气约 $4m^3$。一个万头猪场年产沼气约 7.3 万 m^3，可发电约 110MW·h；10 万只鸡的年产粪便转化为沼气热值约等于 232t 标准煤。

在沼气生产过程中，因厌气发酵可杀灭病原微生物和寄生虫，发酵后的沼液、沼渣又是很好的肥料，因此，这是综合利用畜产废弃物、防止污染环境和开发新能源的有效措施。我国的沼气研究和推广工作发展很快，农村户用沼气技术已较普及。近年来，一些农牧场采用大中型沼气装置生产沼气，都获得较好效益。家畜粪便的产气量因畜种而异，几种家畜粪便及其他发酵原料的产气量如表 4-4 所示。

表 4-4 各种发酵原料实际产气量

原料	日排鲜粪/kg	干重含量/%	每千克干重产气量/m^3	每日产气量/m^3
人	—	18	0.15	0.016
猪	0.6	18	0.33	0.240
牛	4.0	1.7	0.28	1.190
鸡	25.0	70	0.25	0.018
秸秆	0.1	88	0.21	0.185
青草	—	16	0.40	0.064

生产沼气后产生的残余物——沼液和沼渣含水量高、数量大，

且含有很高的 COD 值，若处理不当会引起二次环境污染，所以必须要采取适当的利用措施。常用的处理方法有以下几种。

（1）用作植物生产的有机肥料。在进行园艺植物无土栽培时，沼气生产后的残余物是良好的液体培养基。

（2）用作池塘水产养殖料。沼液是池塘河蚌育珠、滤食性鱼类养殖培育饵料生物的良好肥料，但一次性施用量不能过多，否则会引起水体富营养化而引起水中生物的死亡。

（3）用作饲料。沼渣、沼液脱水后可以替代一部分鱼、猪、牛的饲料。但与畜粪饲料化一样，要注意重金属等有毒有害物质在畜产品和水产品中残留问题，避免影响畜产品和水产品的食用安全性。

（二）肥料化技术

畜禽排泄物中含有大量农作物生长所必需的氮、磷、钾等营养成分和大量的有机质，将其作为有机肥料施用于农田是一种被广泛采用的处理和利用方式。据统计，畜禽粪便占我国有机肥总量的 63%~71%，其中猪粪占 36%~38%，是我国有机肥料组成中极为重要的肥料资源，美国、日本等国家 60%以上的有机肥都是堆肥。目前利用畜禽粪便生产的有机肥不仅是绿色食品和有机食品生产的需要，也是增加土壤肥力和实现农牧结合相互促进的最有效途径。

1. 土地还原法

把畜禽粪尿作为肥料直接施入农田的方法称为"土地还原法"。采用土地还原法利用粪便时应注意：一是粪便施入后要进行耕翻，将鲜粪尿埋在土壤，使其好分解，这样，不会造成污染，不会散发恶臭，也不会招引苍蝇；二是家畜排出的新鲜粪尿须及时施用，否则应妥善堆放；三是土地还原法只适用于作耕作前底肥，不可用作追肥。

2. 堆肥处理法

堆肥技术是在自然环境条件下将作物秸秆与养殖场粪便一起堆

沤发酵以供作物生长时利用。堆肥作为传统的生物处理技术经过多年的改良，现正朝着机械化、商品化方向发展，设备效率也日益提高。加拿大用作物秸秆、木屑和城市垃圾等与畜禽粪便一同堆肥腐熟后作商品肥。英国近年开展了利用庭院绿化废物与猪粪一同混合堆粪处理的试验研究。一些欧洲国家已开始将养殖工序由水冲式清洗粪便转回到传统的稻草或作物秸秆铺垫吸粪，然后实施堆肥利用方式。

（1）堆肥处理的主要方法有以下几种。

①腐熟堆肥法。腐熟堆肥法要通过控制好气微生物活动的水分、酸碱度、碳氮比、空气、温度等各种环境条件，使好气微生物能分解家畜粪便及垫草中各种有机物，并使之达到矿质化和腐殖质化的过程。此法可释放出速效性养分，具有杀菌、杀寄生虫卵等作用。腐熟堆肥的要点是前期保持好氧环境，以利于好氧微生物发酵；当粪肥腐熟进入后期时，应保持厌氧环境，以利于保存养分，减少肥分有效养分挥发。

②坑式堆肥法。坑式堆肥要点是：在畜禽进入圈舍前，在地面铺设垫草，在畜禽进入圈舍后，不清扫圈舍粪尿，每日向圈舍粪尿表面铺垫垫料，以吸收粪尿中水分及其分解过程中产生的氨，使垫草和畜禽粪便在畜舍腐熟。当粪肥累积到一定时间后，将粪肥清除出畜舍，一般粪与垫料的比例以1：（3~4）为宜。近年来，研究人员在垫草垫料中加入菌类添加剂或除臭剂，效果较好。

③平地堆腐法。平地堆腐是将畜禽粪便及垫料等清除至舍外单独设置的堆肥场地上，平地分层堆积，使粪堆内进行好气分解。修建塑料大棚或钢化玻璃大棚，将畜禽粪便与垫料或干燥畜禽粪便混合，使处理的畜禽粪便水分含量为60%，将含水量为60%的粪便送入大棚中，搅拌充氧，经过30~40d发酵腐熟，即可作为粪肥使用。

（2）促进堆肥发酵的方法有以下几种。

①改善物质的性质。常采用降低材料中水分（温室干燥、固

液分离等）和添加辅助材料（水分调整材料：锯屑、稻壳、返回堆肥等）的方法，提高其通气性，使整体得到均匀的氧气供给。

②通风。可通过添加辅助材料，提高混合材料的空隙率，使其具有良好的通气性。此外，用强制通风，可促进腐熟，缩短处理时间。通风装置一般采用高压型圆形鼓风机。如能保证材料有恰当的含水率、空隙率，用涡轮风扇也可充分通风，且降低电费。

③搅拌、翻转。适度搅拌、翻转可使发酵处理材料和空气均匀接触，同时有利于材料的粉碎、均质化。

④太阳能的利用及保温。利用太阳热能，可促使堆肥材料中水分蒸发。密闭型发酵槽等可以设置在温室内，用透明树脂板做堆肥舍屋顶，尽可能利用太阳能，在冬季还可以防止被寒风冷却。

（3）堆肥发酵的设施如下。

①开放型发酵设施。设置在温室等房子内，用搅拌机在 0.4~2.0m 的深度强制翻转搅拌处理，具有占地面积小，并可以用太阳能促进材料干燥等优点。另外，为防止冬季散热，可采用 2m 深的圆形发酵槽，发酵槽一半埋设在地下，即使在寒冷的冬季也可以维持良好的发酵状态。

②密闭型发酵设施。原料在隔热发酵槽内搅拌、通风，有纵型和横型两种，占地面积比开放型小，为了维持一定的处理能力，材料在发酵槽内滞留天数比开放型短。适合以畜粪为主的材料的发酵。

③堆积发酵设施。操作者利用铲式装载机等进行材料的堆积、翻转操作，让其发酵。此法自动化程度低，每天的分解量少，占地面积较大。

（三）培养料

目前蛋白质饲料资源的短缺是限制中国畜牧业可持续发展的重要因素之一。由于近几年许多国家已禁止使用肉骨粉等动物性饲料，加上世界捕鱼量的逐年下降，使得寻求新的、安全的高蛋白饲料替代品已势在必行。昆虫是一种重要的生物资源，是最具开发潜力的动物蛋白资源。目前世界上许多国家都把人工饲养昆虫作为解决蛋白饲料来源的主攻方向。利用畜禽粪便养殖蝇蛆和蚯蚓，既可利用畜禽粪便生产优质动物蛋白饲料，又可将畜禽粪便经蝇蛆和蚯蚓处理后成为优质的有机肥，因此值得在我国大力推广。

1. 生产蝇蛆技术

家蝇的开发及利用研究一直是国内外学者关注的热点之一。20世纪20年代，就有关于利用家蝇幼虫处理废弃物及提取动物蛋白质的可行性论证报告。20世纪60年代末，许多国家相继以蝇蛆作为优质蛋白饲料进行了研究开发，美国、英国、日本和俄罗斯等国家已实现机械化、工厂化生产蝇蛆。如在美国迈阿密市郊的一座苍蝇农场，以生产无菌蝇蛆为主，并以此带动了家禽、家畜饲养业，推动了种植业，衍生出饲料加工、工业提炼、医药制造、食品加工等一系列的场办企业。利用蛆壳和蛹壳提取几丁质和几丁聚糖也是发达国家进行较多的研究，一般采用生物化学方法对易于工业化饲养的蝇蛆提取几丁质，再加以脱乙酰基制成水溶性几丁聚糖，其成本较低，并可以此作为原料开发医药产品、保健品、食品、化妆品、纺织品等产品，具有巨大的经济效益及社会效益。

（1）种蝇的选育。种蝇可通过猪粪进行选育研制，经育蛆、化蛹、成蝇至产卵培育而成。成蝇寿命为30~60d，羽化后的蝇2d左右就能交配、产卵。卵期为1~2d，幼虫期（蛆）4~6d，蝇期5~7d，完成一个生活周期，室温为25~30℃要12~15d。影响蝇蛆生长过程的主要因素是气温及营养状况。

（2）蝇蛆的培育。可采用塑料盆（桶）培育法。即在直径6cm的培养盆（或直径30cm的塑料桶）内加入培养料，可为100%猪粪、25%鸡粪+75%猪粪或25%猪粪+75%猪粪渣，厚度为4~6cm。将虫卵撒在培养料上，卵量约1.5g。培养室内保持较黑暗环境，在常温下培养，温度低于22℃时，用加热器加热。每天翻动两次，上午、下午各一次，同时将消化过的料渣用小铲子清出来，由于蝇蛆具有较强的避光特性，可将培养盆置于较光亮处，促使幼虫向培养料下层移动，然后层层清去表面料渣（料渣呈褐黑色、松散、臭味消失），再根据幼虫的生长情况和剩余料渣量来确定需添加培养料量。一般在第一天不需换料，第二、第三天是生长旺期，要加足培养料，后期少加料。每次加料用台秤称量，混匀，置于培养盆一边，幼虫自会爬到新加培养料中摄食，也便于下次清料渣。未成熟幼虫会因温度、湿度过高、密度过大或养料不足而爬出培养盆，此时，要用小刷子将其收回到培养盆内。

（3）蝇蛆的分离。成蛆与粪渣的分离是设备设计时要考虑的重点。目前有几种方法：a. 强光照射，层层去除表面料；b. 筛分离法；c. 水分离法。目前较为常用的是利用蛆快化蛹前要寻找干燥、暗的环境这个习性来收集，自动外爬后能回收 80% ~ 90% 的蛆。

2. 利用畜禽粪便养殖蚯蚓技术

人类认识和利用蚯蚓的历史非常悠久，但在 20 世纪 60 年代前对蚯蚓的开发利用主要以研究和利用野生蚯蚓为主，20 世纪 60 年代后一些国家开始人工饲养蚯蚓。由于蚯蚓在医药、食品、保健品、饲料、农业等方面的深入开发和应用，国内外对蚯蚓的需求量与日俱增，到 20 世纪 70 年代，蚯蚓的养殖已遍及全球。目前许多国家已建立和发展了初具规模的蚯蚓养殖企业，有的国家甚至实现了蚯蚓的工厂化养殖和商品化生产。美国开发人工养殖蚯蚓的时间较早，目前约有 300 个大型蚯蚓养殖企业，并在近年成立了"国际蚯蚓养殖者协会"，这些蚯蚓养殖公司主要利用蚯蚓来处理生活垃圾。目前，每年国际上蚯蚓交易额已达 25 亿~30 亿美元，并以每年 25% 的速度快速增长。

我国于 1979 年从日本引进"大平 2 号"蚯蚓和"北星 2 号"蚯蚓，这两个蚯蚓品种同属赤子爱胜蚓，其特点是适应性强，繁殖率高，适于人工养殖。1999 年，中国科学院动物研究所邀请世界蚯蚓协会主席爱德华兹来我国参观考察，并在北京筹建了世界蚯蚓协会中国分会，为我国蚯蚓产品进入国际市场、加入世界经济循环打开了通道，积极推动了我国蚯蚓养殖业的健康发展。目前蚯蚓养殖作为一个行业已在我国蓬勃发展，其产品已被广泛应用于工业、农业、医药、环保、畜牧、食品及轻工业等领域，具有广阔的市场前景和发展空间。

据测定，蚓体的蛋白质含量占干重的 53.5%～65.1%，脂肪含量为 4.4%～17.38%，碳水化合物 11%～17.4%，灰分 7.8%～23%。在其蛋白质中含有多种畜禽生长发育所必需的氨基酸，可以替代鱼粉作为禽、畜、鱼及特禽、特种水产品的饲料添加剂。

利用畜禽粪便养殖蚯蚓的技术如下。

（1）基料的堆制与发酵。新鲜粪便不能被蚯蚓处理，因为畜禽粪便中尿酸和尿素的含量高，对蚯蚓的生长繁殖不利。因此蚯蚓的养殖成功与失败，培养基料的制作起着关键的决定性作用。蚯蚓繁殖的快慢，很大程度上取决于培养基的质量。

对于畜禽粪便基料，要求发酵腐熟，无酸臭、氨气等刺激性异味，基料松散而不板结，干湿度适中，无白蘑菌丝等。基料的堆制方法可参考畜禽粪便的堆肥方法。基料的腐熟标准是：基料呈黑褐色、无臭味、质地松软、不黏滞，pH 值在 5.5～7.5。

基料投放时，可先用 20～30 条蚯蚓作小区试验。投放一天后进去的蚯蚓无异常反应，说明基料已经制作成功，如发现蚯蚓有死亡、逃跑、身体萎缩或肿胀等现象应查明原因或重新发酵。

（2）蚯蚓的养殖。可采用平地堆肥养殖法。此养殖方法室内外均可进行，选用房前屋后、庭院空地、地势较高不积水处，将制好的基料或腐熟的堆肥堆制成高 1m 上下，长 2～3m，饲料水分保持在 60%。放入种蚯蚓 2 000 条，3 个月左右，当种蚓大量繁殖后，应及时采收或分堆养殖，如在闲置的旧房舍也可在室内制堆，在室内闲房制堆可简化冬季的保温，室内温度一般都在 10℃以上，如低于 10℃时，加一层稻草或麦秸即可，同时减去夏季防雨工作。

在蚯蚓的饲养过程中，日常管理十分重要。要根据蚯蚓的生活习性，经常性的检查和观察，发现异常现象及时查明原因，并及时给予解决，防患于未然。蚯蚓养殖的日常管理要注意以下几点。

①环境要适宜。要根据蚯蚓的生活习性，保持它所需要的温度和湿度条件，避免强光照射，冬季要加盖麦秸、稻草或加盖塑料薄膜保温。夏季要加盖湿麦草、湿稻草遮阴降温。要经常洒水，并保持环境安静和空气流通。

②适时投料。在室内养殖时，养殖床内的基料（饲料）经过一定时间后逐渐变成了粪便，必须适时地补给新料，补料一般采用的是上投法，即在旧料上覆盖新料。室内地沟式养殖时，要在地沟内一次性给足基料，在一定时间内定时采收。避免基料采食完后蚯蚓钻入地下采食或死亡。

③注意防逃。在室外地沟养殖时，要搞好清沟、排渍、清除沟土异味等工作。一次性给足基料，避免因沟土气味或无料可食而引起蚯蚓逃走。室内架式养殖时，应使架床上基料通气通水良好，保持适宜的温度和湿度，防止蚯蚓逃出饲养架外。

④定期清粪。室内养殖蚯蚓，必须十分注意室内的清洁卫生，保持空气新鲜，搞好粪便的定时清理，这对蚯蚓的生长、繁殖都有好处。大田养殖不必清理粪便，蚓粪是农作物的有效有机肥。

⑤适时分群。蚯蚓有祖孙不同堂的习性，成蚓、幼蚓不喜欢同居，大小蚯蚓在一起饲养时，大蚯蚓可能逃走，同时大小蚯蚓长期混养可能引起近亲交配，造成种蚓退化。当蚯蚓大量繁殖、密度过大时需要适时分群，否则将产生上述不良后果。

⑥预防敌害。黄鼠狼、鸟类、鸡鸭、青蛙、老鼠和蛇等都是蚯蚓的天敌，必须采取有效措施，严加防范。

⑦四季管理。随着一年四季天气的变化，四个季节的管理各有重点所在。春季在立春过后，气温和地温都开始回升，温度适宜，蚯蚓繁殖很快，要着重抓好扩大养殖面积的准备工作，如增设床架、新开地沟、堆制新肥堆等。夏季注意经常降温和通风，初秋露水浓重的季节里，夜晚要揭开覆盖物，让蚯蚓大部分爬出土表层，享受露水的润泽，这对交配、产卵、生长均有好处。晚秋天气开始

转冷，要做好防寒准备，冬季首先要做好保温工作。

⑧繁殖期管理。蚯蚓是雌雄同体、异体交配的动物。幼蚓生长38d即性成熟，便能交配，交配后7d便可产卵，在平均温度20℃的气温下，经过19d的孵化即可产出幼蚓，全育期60d左右。在饲养基内自然交配、产卵和孵化出幼蚓，它不需要人工管理，但必须长期保持平均温度20℃左右，温度过低或过高都会影响繁殖，相对湿度应保持在56%~66%。同时还需防止卵包因日晒脱水而死亡，基料含水量应控制在50%~60%，不宜太湿或太干，过湿会引起卵茧破裂或新产卵茧两端不能封口。以上均为繁殖管理要点，是提高孵化率和成活率的基本保证。

（四）饲料化技术

自20世纪50年代美国首先以鸡粪作羊补充饲料试验成功后，日本、英国、法国、德国、丹麦、俄罗斯、泰国、西班牙、澳大利亚、中国等十几个国家和地区开展了畜禽粪便再利用研究。目前，已有许多国家利用畜禽粪便加工饲料，德国、美国的鸡粪饲料"插普蓝"已作为蛋白质饲料出售，英国和德国的鸡粪饲料进入了国际市场；猪粪也被用来喂牛、喂鱼、喂羊等，可降低饲料成本。

1. 畜禽粪便用作饲料的可行性

尽管畜禽粪便含有大量的营养成分，如粗蛋白、脂肪、无氮浸出物、钙、磷、维生素B_{12}，但又含有许多潜在的有害物质，如矿物质微量元素（重金属如铜、锌、砷等）、各种药物（抗球虫药、磺胺类药物等）、抗生素和激素等以及大量的病原微生物、寄生虫及其卵；畜禽粪便中还含有氨、硫化氢、吲哚、粪臭素等有害物质。所以，畜禽粪便只有经过无害化处理后才可用作饲料。带有潜在病原菌的畜禽粪便经过高温、膨化等处理后，可杀死全部的病原微生物和寄生虫。用经无害化处理的饲料饲喂畜禽是安全的；只要控制好畜禽粪便的饲喂量，就可避免中毒现象的发生；禁用畜禽治疗期的粪便作饲料，或在家畜屠宰前不用畜禽粪便作饲料，就可以消除畜禽粪便作饲料对畜产品安全性的威胁。

2. 畜禽粪便用作饲料的方法

（1）干燥法。干燥法就是对粪便进行脱水处理，使粪便快速干燥，以保持粪便养分，除去粪便臭味，杀死病原微生物和寄生虫，该方法主要用于鸡粪处理。

①自然干燥。新鲜畜禽粪单独或掺入一定比例的糠麸拌匀，铺在水泥地或塑料布上，随时翻动，自然风干、晒干，然后粉碎，饲喂畜禽。

②低温干燥。畜禽粪运到干燥车间或干燥机、隧道窖中（有机械搅拌和气体蒸发装置），在 $70\sim500℃$ 下烘干，使含水量降至 13% 以下，便于贮存和利用。常用温度 $70\sim105℃$，也有用 $140\sim200℃$ 或 $270\sim500℃$ 的。

③高温快速干燥。用高温快速干燥机（又称脱水机）进行人工干燥。将畜禽粪便（含水 70%～75%）装入快速干燥机中，在 $500\sim700℃$ 下，经 12s 的处理，即可使含水量降至 13% 以下。此法快速，可达到灭菌、灭杂草籽和去臭的目的，但养分损失较大，成本较高。

④高频电流干燥法。将粪便先湿润→筛网上分离→除去混杂物→高频装置→超高频电磁波使粪便内的水分子发生共振及急剧运动→水温急剧增高，迅速蒸发→含水量降到 10% 左右。该法干燥速度快，效果好，水分由内向外干燥，灭菌且营养成分基本完全保存。

（2）青贮法。将畜禽粪便单独或与其他饲料一起青贮。这种方法是很成熟的家畜粪便加工处理方法，安全可靠。只要调整好青粗料与粪的比例并掌握好适宜含水量，就可保证青贮质量。青贮法不仅可防止粗蛋白损失过多，而且可将部分非蛋白氮转化为蛋白质，杀灭几乎所有有害微生物。用青贮法处理畜禽粪便时，应注意添加富含可溶性碳水化合物的原料，将青贮物料水分控制 40%～70%，保持青贮容器为厌氧环境。例如，用 65% 新鲜鸡粪、25% 青草（切短的青玉米秸）和 15% 麸皮混合青贮，经过 35d 发酵，即可用作饲料。

（3）发酵法。发酵法处理畜禽粪便分主要采用有氧发酵法。有氧发酵就是将粪便通气，好氧菌对粪便中的有机物进行分解利用，将粪便中的粗蛋白和非蛋白氮转变为单细胞蛋白质（SCP）、酵母或其他类型的蛋白质，好氧菌如放线菌、乳酸菌、乙酸杆菌等还可以分解物料中的纤维素，能产生更多营养物质。好氧菌的活动能产生大量热量，使物料温度升高（达 55~70℃），可以杀死物料中绝大部分病原微生物和寄生虫卵。

（4）鸡粪与垫草混合直接饲喂。在美国进行的一项试验表明，可用散养鸡舍内鸡粪混合垫草，直接饲喂奶牛与肉牛。在 100kg 饲料中混入粪草 23.2kg 饲喂奶牛，其结果与饲喂含豆饼的饲料效果相同。应防止垫草中农药残留和因粪便处理不好而引起传染病的传播，如垫草经 6~8 周堆放以后，含水量在 20%~35%，一般不会存在大肠杆菌、沙门菌和志贺菌。

联合国粮食与农业组织认为，青贮是安全、方便、成熟的鸡粪饲料化喂牛的一种有效方法。不仅可以防止畜禽粪中粗蛋白和非蛋白氮的损失，而且还可将部分非蛋白氮转化为蛋白质。青贮过程中几乎所有的病原体被杀灭，有效防止疾病的传播。将新鲜畜粪与其他饲草、糠麸、玉米粉等混合装入塑料袋或其他容器内，在密闭条件下进行青贮，一般经 20~40d 即可使用。制作时，注意含水量保持在 40% 左右，装料需压实，容器口应扎紧或封严，以防漏气。

三、畜牧场污水处理技术

一个年产 1 万头商品肉猪的养猪场采用漏缝地板方式饲养，每天将排放污水 200~300m³，年排放污水达 $7.5 \times 10^4 \sim 11.0 \times 10^4 \text{m}^3$。畜牧场污水处理的最终目的是将这些废水处理达到排放标准和综合利用。畜禽场废水与其他行业如工业污水有较大差别，比如有毒物质含量较少，污水排放量大，污水中含有大量粪渣，有机物、氮、磷等含量高，而且还有很多病原微生物，危害及处理难度大。目前，国内外畜禽场污水处理技术一般采取"三段式"处理工艺，即固液分离—厌氧处理—好氧处理。

（一）固液分离

畜牧业污水中含有高浓度的有机物和固体悬浮物（SS），尤其是采用水冲清粪方式的污水，SS含量高达160g/L，即使采用干清粪工艺，SS含量仍可达到70g/L，因此无论采用何种工艺措施处理畜牧业污水，都必须先进行固液分离。通过固液分离，可使液体部分污染物负荷降低，生化需氧量（COD）和SS的去除率可达到50%～70%，所得固体粪渣可用于制作有机肥；其次，通过固液分离，可防止大的固体物进入后续处理环节，以防造成设备的堵塞损坏等；此外，在厌氧消化前进行固液分离能增加厌氧消化运转的可靠性，减少所需厌氧反应器的尺寸及所需的停留时间，减少气体产生量30%。

固液分离技术一般有筛滤、离心、过滤、浮除、絮凝等，这些技术都有相应的设备，从而达到浓缩、脱水目的。畜禽养殖业多采用筛滤、过滤和沉淀等固液分离技术进行污水的一级处理，常用的设备有固液分离机、格栅、沉淀池等。

固液分离机由振动筛、回转筛和挤压式分离机等部分组成，通过筛滤作用实现固液分离的目的。筛滤是一种根据禽畜粪便的粒度分布状况进行固液分离的方法，污水和小于筛孔尺寸的固体物从筛网中的缝隙流过，大于筛孔尺寸的固体物则凭机械或其本身的重量截流下来，或推移到筛网的边缘排出。固体物的去除率取决于筛孔大小，筛孔大则去除率低，但不易堵塞，清洗次数少；反之，筛孔小则去除率高，但易堵塞，清洗次数多。

格栅是畜牧业污水处理的工艺流程中必不可少的部分，一般由一组平行钢条组成，通过过滤作用截留污水中较大的漂浮和悬浮固体，以免阻塞孔洞、闸门和管道，并保护水泵等机械设备。

沉淀池是畜禽污水处理中应用最广的设施之一，一般畜禽养殖场在固液分离机前会串联多个沉淀池，通过重力沉降和过滤作用对粪水进行固液分离。为减少成本，可由养殖场自行建设多级沉淀、隔渣设施，最大限度地去除污水悬浮物，这种方式简单易行，设施维护简便。

（二）厌氧处理

畜禽场污水可生物降解性强，因此可以采用厌氧技术（设施）对污水进行厌氧发酵，不仅可以将污水中不溶性的大分子有机物变为可溶性的小分子有机物，为后续处理技术提供重要的前提；而且在厌氧处理过程中，微生物所需营养成分减少，可杀死寄生虫及杀死或抑制各种病原菌；同时，通过厌氧发酵，还可产生有用的沼气，开发生物能源。但厌氧发酵处理也存在缺点，由于规模化畜禽场排放出的污水量大，建造厌氧发酵池和配套设备投资大；处理后污水的 NH_3-N 仍然很高，需要其他处理工艺；厌氧产生沼气并利用其作为燃料、照明时，稳定性受气温变化的影响。

厌氧发酵的原理为微生物在缺乏氧的状况下，将复杂的有机物分解为简单的成分，最终产生甲烷和二氧化碳等。厌氧处理的方法很多，按消化器的类型，可分为常规型、污泥滞留型和附着膜型。常规型消化器包括常规消化器、连续搅拌反应器（STR）和塞流式消化器。污泥滞留型消化器包括厌氧接触工艺（ACP）、升流式固体反应器（USR）、升流式厌氧污泥床反应器（UASB）、折流式反应器等。附着膜型反应器包括厌氧滤器（AF）、流化床（FBR）和膨胀床（EBR）等。常规型消化器一般适宜于料液浓度较大、悬浮物固体含量较高的有机废水；污泥滞留型和附着膜型消化器主要适用于料液浓度低、悬浮物固体含量少的有机废水。目前国内在畜禽养殖场应用最多的是 STR 和 UASB 两种。

（1）连续搅拌反应器（STR）。STR 在我国也称完全混合式沼气池，做法为将发酵原料连续或半连续加入消化器，经消化的污泥和污水分别由消化器底部和上部排出，所产的沼气则由顶部排出。STR 可使畜禽粪水全部进行厌氧处理，优点是处理量大，浓度高，产沼气量多，便于管理，易启动，运行费用低；缺点是反应器容积大，投资多，后处理麻烦。

（2）升流式厌氧污泥床反应器（UASB）。1974 年由荷兰著名学者 Lettinga 等提出，1977 年在国外投入使用。1983 年北京市环境保护科学研究所与国内其他单位进行了合作研究，并对有关技术指标进行了改进，其对有机污水 COD 的去除率可达 90% 以上。UASB 属于微生物滞留型发酵工艺，污水从厌氧污泥床底部流入，与污泥层中的污泥进行充分接触，微生物分解有机物产生的沼气泡向上运动，穿过水层进入气室；污水中的污泥发生絮凝，在重力作用下沉降，处理出水从沉淀区排出污泥床外。UASB 工艺一般用于处理固液分离后的有机污本，优点是需消化器容积小，投资少，处理效果好；缺点是产沼气量相对较少，启动慢，管理复杂，运行费用稍高。

（3）厌氧滤器（AF）。1969 年由 Young 和 McCarty 首先提出，1972 年国外开始在生产上应用。我国于 20 世纪 70 年代末期开始引进并进行了改进，其沼气产生率可达 3.4m³/(m³·d)，甲烷含量可达 65%。

（4）污泥床滤器（UBF）。是 UASB 和 AF 的结合，具有水力停留时间短、产气率高、对 COD 去除率高等优点。

（5）升流式固体反应器（USR）。是厌氧消化器的一种，具有效率高、工艺简单等优点，目前已常被用于猪、鸡粪废水的处置，其装置产气率可达 4m³ (m³·d)，COD 去除率达 80% 以上。

（6）其他厌氧工艺。研究表明，采用厌氧折流板反应器（ABR）处理规模化猪场污水，常温条件下容积负荷可达到 8~10kg COD/(m³·d)，COD 去除率稳定在 65% 左右，表现出比一般厌氧反应器启动快、运行稳定、抗冲击负荷能力强的特点。

（三）好氧处理

好氧处理是主要依赖好氧菌和兼性厌氧菌的生化作用来完成废水处理过程的工艺。其处理方法可分为天然和人工两类。天然条件下好氧处理一般不设人工曝气装置，主要利用自然生态系统的自净能力进行污水的净化，如天然水体的自净，氧化塘和土地处理等。人工好氧处理方法采取向装有好氧微生物的容器或构筑物不断供给充足氧的条件下，利用好氧微生物来净化污水。该方法主要有活性污泥法、氧化沟法、生物转盘、序批操作反应器（SBR）和生物膜法等。

好氧处理法处理畜禽场污水能有效降低污水 COD，去除氮、磷。采用好氧处理技术处理畜禽场污水，大多采用 SBR、活性污泥法和生物膜法，尤其 SBR 工艺对高氨氮的畜禽场污水有很好的去除效果，国内外大多采用 SBR 工艺作为畜禽场污水厌氧处理后的后续处理。好氧处理技术也有缺点，如污水停留时间较长，需要的反应器体积大且耗能大、投资高。

四、垫草、垃圾的处理技术

畜牧场废弃垫草及场内生活和各项生产过程产生的垃圾除和粪便一起用于产生沼气外，还可在场内下风处选一地点焚烧，焚烧后的灰用土覆盖，发酵后可变为肥料。

第四节　畜禽养殖的群发病防控技术

随着养殖规模的产业化、集约化，大量家畜生活在同一人工生态环境中，一旦某一生态因子发生变化，常引起家畜群体性发病的现象，例如细菌、病毒等引起的传染性疾病，饲料污染造成的中毒性疾病，营养物质缺乏引起的缺乏症等。

一、家畜群发病的特点

家畜群发病是指受到某种病因的作用，引起家畜群体发病的现象，包括传染病、寄生虫病、营养与代谢性疾病、中毒性疾病、应激性疾病等。

家畜群发病有如下特点。

（1）群发病往往具有相同的病因和类似的疾病表现，差异较小，也就是说群发病的共性大于个性。

（2）同一群畜禽往往处在相同的饲养条件下，不仅接触的饲料、饮水和环境气候相同，而且面对致病因素侵袭的机会也均等，即环境条件对畜体的制约是一致的。

（3）在集约化饲养的畜禽群体中，每个畜禽的品种、年龄、性别通常是一致的，个体之间的差异小。因此，当群体发生疫病时，每个个体所反映出来的总体机能状态有很大的一致性。

（4）群发病往往带有突发性和隐蔽性，如果不能在早期及时发现，并采取有效措施，将会造成巨大的损失，即群发病的影响往往具有放大效应。

二、家畜群发病的分类

根据病原的性质，群发病可分为传染性群发病和非传染性群发病。

（一）传染性群发病

由病原微生物（细菌、病毒）或寄生虫所引发，主要病原包括以下几类。

（1）细菌类。炭疽杆菌、布鲁菌、分枝杆菌、大肠杆菌、巴氏杆菌、沙门菌、破伤风杆菌、金黄色葡萄球菌、猪Ⅱ型链球菌等。

（2）病毒类。口蹄疫病毒、狂犬病病毒、禽流行性感冒病毒、鸡新城疫病毒、鸭瘟病毒、小鹅瘟病毒、猪瘟病毒、非洲猪瘟病毒、猪流行性腹泻病毒、猪细小病毒、犬瘟热病毒等。

（3）寄生虫类。吸虫、绦虫、线虫、球虫、弓形虫、住白细胞虫、螨虫等。

（二）非传染性群发病

非传染性群发病包括营养代谢性疾病、中毒性疾病和应激性疾病等。

（1）营养代谢性群发病。包括能量物质营养代谢性疾病，如酮病、营养性衰竭症等；常量矿物质元素营养代谢性疾病，如生产瘫痪、佝偻病、骨软症、痛风等；微量元素缺乏性疾病，如硒、锌、铁、碘、锰、铜缺乏症等；维生素营养紊乱性疾病，如维生素A缺乏症、维生素D缺乏症、维生素E缺乏症、B族维生素缺乏症等。

（2）中毒性群发病。包括饲料、药物及有毒动植物中毒，如黄曲霉毒素中毒、疯草中毒等；地质及工业污染性中毒，如氟中毒、硒中毒；农药、灭鼠药中毒，如有机磷农药中毒、敌鼠钠中毒等。

（3）应激性群发病由饲养人员配置变化、栏舍周转、高温、突然改变饲料种类等引起的应激性疾病。

三、家畜群发病的病因

（一）非生物因素

引起家畜群发病的非生物因素主要有光、空气、气候、土壤、水、湿度、海拔和地形等，这些因素与家畜群发病的发生、发展和消亡有着密切的关系。

（1）光照。适度的太阳照射，具有促进家畜新陈代谢、加强血液循环、调节钙和磷代谢的作用。但是，强烈的且长时间的太阳辐射则有可能引起家畜皮肤紫外线灼伤、体内热平衡破坏，甚至发生日射病而导致家畜死亡。研究表明，光照是家禽发生啄癖的重要诱因，光照制度变更或照明度不够，会引起蛋禽产蛋率下降10%~30%。

（2）空气。空气质量对家畜的健康和生产性能也会产生直接影响。在集约化畜禽养殖场中，如果畜舍通风换气不良，舍内卫生状况不佳，有害气体浓度超过标准，就会损害家畜机体健康，降低家畜机体免疫力，引发呼吸系统疾病和多种传染性疾病。如高浓度氨气可以引起蛋鸡的产蛋率、平均蛋重、蛋壳强度和饲料利用率降低。而硫化氢则可引起猪的食欲丧失、神经质，并可使猪呼吸中枢和血管运动中枢麻痹而导致死亡。

空气也可以传播疾病，许多疾病的病原体附着在空气中的飞沫核或尘土等细小颗粒上，引起局部或多地发病。

（3）气候条件。气候条件是家畜生活环境中的重要物理因素，不良的气候条件可成为许多疾病的诱因。例如，低温可引起组织冻伤，还能削弱机体抵抗力而促进某些疾病的发生；温度、气压的突变也可以诱发疾病；大风雪等恶劣天气会对家畜造成一定的不良影响，诱发机体产生过强的应激反应，同时对环境中致病性微生物易感性增加，加剧病原对家畜的损害。很多时候，不良的气候条件就是疾病暴发的诱因（表4-5）。

表4-5　家畜传染病与气候因素的关系

病名	发病季节	与气候因素的关系
炭疽	夏季6—8月多见	炎热多雨，促使本病的发生与流行
肉毒梭菌中毒症	夏秋两季，秋凉停止	天热高温时多发
破伤风	季节性不明显	春秋雨季多见
坏死杆菌病	多雨季节	多雨、闷热、潮湿均可促使本病发生
巴氏杆菌病	无明显季节性	冷热交替、气候剧变、闷热、潮湿、多雨、寒冷
皮肤霉菌病	全年均可发生，秋冬舍饲期多发	阴暗、潮湿易发
钩端螺旋体病	7—10月	气候温热，雨量多时易流行
口蹄疫	季节性不明显	秋末、冬春常发
日本乙型脑炎	夏季至初秋7—9月份多发	闷热、蚊多时多发
痘病（绵羊痘）	冬末春秋	严寒、风雪、霜冻促使本病多发

气温和湿度的变化也是影响动物健康的因素之一。在高温高湿条件下，动物蒸发散热量减少，常导致体温和机体热调节机能障碍，易发生皮肤肿胀，皮孔和毛孔变窄、阻塞而导致的皮肤病，若体温持续升高甚至可以导致动物热衰竭死亡。此外，高温高湿条件下，细菌和霉菌增殖速度加快，加上尘埃及有害气体的作用，畜禽易发生环境性肺炎。在低温高湿度条件下，动物被毛和皮肤都能吸收空气中的水分，使被毛和皮肤的导热系数提高，降低皮肤的阻热作用，显著增加非蒸发散热量，使机体感到寒冷，易发生冻伤。动物若长期处在以上两种环境中，不但影响动物的生产性能，严重时还可导致动物在这种环境下发生非病原性群体病，甚至大批死亡。气温过高、过低对家畜的生产性能均有影响。如在高温条件下，鸡的产蛋数、蛋大小和蛋重都下降，蛋壳也变薄，同时采食量减少。温度过低，亦会使产蛋量下降，但蛋较大，蛋壳质量不受影响。

（4）土壤。当病畜排泄物或尸体污染土壤时，常会造成多种疾病的流行，如炭疽、气肿疽、破伤风、猪丹毒、恶性水肿等。土壤中的化学成分，特别是微量元素的含量缺乏或含量过高，均有可能引起在该环境下饲养的家畜发生营养代谢性群发病。如夏季多雨常致牧草镁含量降低而导致放牧家畜患青草抽搐症；地区土壤缺少钴时，则家畜常发生以营养障碍和贫血为主症的钴缺乏症；土壤中缺铁引起饲料中铁含量不足，则可引起仔猪贫血症；缺硒地区，若饲料中未补充硒则引起动物的硒缺乏症；在高氟地区，动物常发生以食欲下降、消瘦、牙床发炎、牙齿松动、关节强硬、跛行、喜躺卧为主要表现的氟中毒。应该注意的是，土壤受到污染或土壤中化学成分发生变化时，一般不引起明显的感官变化，所以往往被人们所忽略。因此蓄积性、隐蔽性和慢性发作是因土壤原因引起的动物群发病常见的临床特点。

（5）水。水质的好坏可以直接影响家畜的健康。工业化进程加快，工业"三废"引起水体污染情况日益严重。农药、除草剂的不合理使用，也会污染水体。有害物质通过饮水进入家畜体内，不但影响家畜的健康、诱发疾病，而且可以通过在畜禽体内的蓄积而直接威胁人类的健康。很多引起家畜疾病的寄生虫的生活史和感染途径都是与水有关，污染的水源是造成家畜寄生虫病流行的原因之一，例如血吸虫、肝片吸虫、裂头绦虫、隐孢子虫等。此外，饮水中金属盐离子的浓度也对发病有明显的影响。

（二）生物因素

多种生物因素都可以成为家畜疫病传播的媒介。如野鸟携带禽流感病毒后可以直接或间接传染给家禽、猪、人等；狼、狐等容易将狂犬病传染给家畜；鼠类能传播沙门菌病、钩端螺旋体病、布鲁菌病、伪狂犬病；野鸭可以传播鸭瘟；羊的肝肺包虫病和脑包虫病（多头蚴病）都是由犬作为终末宿主传播的。另外，有些动物（其中包括蜱、蚊、蝇、蠓等节肢动物）本身对某病原体无易感性，但可机械地传播疾病，如鼠类会机械性地传播猪瘟和口蹄疫病毒。人也是传播家畜传染病和寄生虫病的重要因素，如患布鲁菌病、结核病、破伤风等人畜共患病的人可作为带菌者引起这些疫病在动物中的传播。另一方面因消毒不严，饲养人员也可成为猪瘟、鸡新城疫等病的传播媒介。

（三）社会因素

与家畜疫病流行相关的社会因素，包括社会制度、生产力、社会经济、风俗习惯、文化等。社会因素既有可能促使家畜疫病流行，也可能成为有效消灭和控制疫病流行的关键。社会因素比较复杂，与家畜疾病防治相关的社会因素包括管理科学和生物科学。制订和执行有关政策法规，如牲畜市场管理、防疫和检疫法规、食品卫生法、兽医法规等，对家畜疫病的防控具有重要意义。

四、家畜群发病的生态防控措施

（一）合理选择场址

畜禽养殖场一般应选择地势较高、干燥、冬季向阳背风、交通及供电方便、水源充足卫生、排水通畅的地方，并应与铁路、公路干线、城镇和其他公共设施距离 500m 以上，尤其应远离畜禽屠宰场、加工厂、畜禽交易市场等地方。养殖场周围应与外界有围墙相隔离，场内布局应科学、合理，符合卫生要求。

（二）注重良种选育

对畜禽品种选择时，除了要考虑生长速度外，还应考虑对疾病的抗御能力，尽量选择适应当地条件的优良畜禽品种。如果进行品种调配或必须从异地引进种畜时，必须从非疫区的健康场选购。在选购前应对引进畜禽作必要的检疫和诊断检查，购进后一般要隔离饲养 1 个月，经过观察无病后，才能合群并圈，并需根据具体情况给引进畜禽进行预防注射。

（三）加强饲养管理

良好的饲养管理条件下，畜禽生长发育良好，体质健壮，对疫病的抵抗力较强，这样不但利于畜禽的快速生长，而且可以使一些疫病如巴氏杆菌病、大肠杆菌病等不发生或少发生。相反，如果饲养管理状况差，畜禽抵抗力弱，则常常容易导致传染病的大面积发生和流行。饲养管理良好，畜禽发病少或者不发病，这对减少药物使用、降低养殖成本具有基础性的作用。

1. 实行"全进全出"制度

为了提高生产效率，有利于畜禽疾病的预防尤其是合理免疫程序的实施，畜禽饲养管理应采取"全进全出"制度。如在养鸡场，一栋鸡舍只养同一日龄、同一来源的鸡，同时进舍，同时出售或淘汰，同时处理，畜禽出栏后进行彻底消毒。

2. 分群饲养

不同生长发育阶段的畜禽以及不同用途的畜禽均应分开饲养，以便根据其不同的生理特点和需要，进行饲养管理，供给相应的配合饲料，保证畜禽正常生长发育，减少疫病交叉传染。

3. 创造良好的生活环境

良好的生活环境有利于抑制和控制传染病的发生、扩散和蔓延，对畜禽安全饲养具有极其重要的作用。

满足畜禽生长发育和生产所需的温湿度条件，在炎热的夏天，要采取各种行之有效的防暑降温措施，如加强通风，给猪用凉水冲淋等；在寒冷的冬季，要加强防寒保暖措施，如维修门窗防止"贼风"等。

保持适宜的光照。适宜的光照对畜禽有促进新陈代谢、骨骼生长和杀菌消毒、预防疫病等作用，光照对幼畜禽生长发育和种畜禽尤为重要，要满足不同种类家畜不同时期的光照需求。

控制好饲养密度，加强畜舍的通风换气。适当的饲养密度和通风换气，不但可以保障畜禽的正常采食、饮水、活动和散热，而且还可以达到保持畜舍空气质量、合理利用圈舍、减少死亡和疫病发生、增加经济效益的目的。

4. 做好清洁卫生和消毒工作

畜禽圈舍和运动场地应定时清扫或冲洗，并保持清洁干燥。坚持定时除粪，及时翻晒或更换垫料，做到畜禽体干净、饲料干净、饮水干净、食具干净、垫料干净。

养殖场需要建立严格的兽医卫生消毒制度，要对所有人员、设备、用具、进入车辆进行严格的消毒，非生产人员不得擅自进入生产区。工作服与胶鞋在指定地点存放，禁止穿出场外，工作服定期清洗消毒。每批家畜饲养结束后要对栏舍进行清洗，彻底消毒。生产场区要定期进行消毒，必要时可增加消毒次数或带动物消毒。对于异常死亡的动物，要交给卫生处理厂进行无害化处理，或在兽医防疫监督部门的指导下在指定的隔离地点烧毁或深埋。畜禽养殖场区内禁止同时饲养多种不同的动物，要定期进行灭鼠、灭蚊蝇工作。消毒剂最好选用具有高度杀菌力，并在较短时间内奏效、易溶于水或易与水混合、无怪气味、对人畜无毒无害的产品。

（四）构建科学防疫体系

构建符合中国实际的并与国际接轨的动物防疫体系，建立动物疫病监测预警、预防控制、防疫监督、兽药质量与残留监控以及防疫技术支撑和物资保障等系统，形成上下贯通、运转高效、保障有力的动物防疫体系。

适时开展免疫预防工作。免疫预防是防控家畜传染病发生的关键措施，科学的免疫程序要因场而定，因种而异，不可盲目照搬照抄。制定免疫程序时，一要对当地传染病发生的种类和流行状况有明确的了解，针对当地发生的疫病种类，确定应该接种哪些疫苗；二要做好疫病的检疫和监测工作，进行有计划的免疫接种，减少免疫接种的盲目性和浪费疫苗；三要按照不同传染病的特点、疫苗性质、动物种类及状况、环境等具体情况，建立科学的免疫程序，采用可靠的免疫方法，使用有效的疫苗，做到适时进行免疫，保证较高的免疫密度，使动物保持高免疫水平；四要避免发生免疫失败，及时找出造成免疫失败的原因，并采取相应的措施加以克服。只有这样，才能保证免疫接种的效果，才有可能防止或减少传染病的发生。

（五）合理用药

1. 注意使用合理剂量

剂量并不是越大效果越好，很多药物大剂量使用，不仅造成药物残留，而且会发生畜禽中毒。在实际生产中，首次使用抗菌药可适当加大剂量，其他药剂则不宜加大用药剂量。特别是不要盲目地在日常饲料中添加抗生素，这样不但造成抗药性增强，而且造成不必要的浪费。

2. 注意药物的使用方法

饮水给药要考虑药物的溶解度和畜禽的饮水量，确保畜禽吃到足够剂量的药物；拌入饲料服用的药物，必须搅拌均匀，防止畜禽采食药物的剂量不一致；注射用药要按要求选择不同的注射部位，确保药效。

3. 注意用药疗程

药物连续使用时间，必须达到一个疗程以上，不可使用 1~2 次后就停药，或急于调换药物品种，因为药品必须使用一定剂量和一定的疗程后才能显示疗效，必须按疗程用药，才能达到药到病除的目的。

4. 注意安全停药期

停药期长的药物、毒副作用大的药物（如磺胺类）等要严格控制剂量，并严格执行安全停药期。

（六）提倡科学合理的养殖模式

根据各地区的特点，因地制宜地规划、设计、组织、调整和管理家畜生产，以保持和改善生态环境质量、维持生态平衡、保持家畜养殖业协调、可持续发展为前提，提倡科学合理的养殖模式。按照"整体、协调、循环、再生"的原则，使农、林、牧之间相互支持，相得益彰。一方面提高综合生产能力，实现经济、生态和社会效益的统一；另一方面协调家畜养殖中的各种条件，提高家畜抵抗疫病的能力，这对于家畜疫病的防控具有积极而重要的作用。

第五章　水产业的生态养殖技术

第一节　养殖场所的选择

池塘是水生动物的生活场所。池塘的条件与水生动物的生存、生长和发育有着密切的关系。水生动物只有在一个适宜的环境条件下才能健康地生长和生存，对生产者来说才能获得较高的经济效益。池塘的环境因素是相当复杂的。因此，如何创造和控制池塘的最佳环境是养殖生产者必须重视的首要问题。

从大的方面来说，池塘的条件可分为池塘的环境条件、结构条件、水体条件以及进排水条件等。

一、池塘的环境条件

池塘的环境条件主要是池塘的外部条件，具体可以分为水源、水质、土质、地形和交通5个方面。

（一）水源

水源是池塘环境条件中必不可少的一项。池塘应有良好的水源条件，以便能够经常加注新水。由于池塘内水产养殖饲养密度较大，其投饲施肥量大，池水溶氧量往往供不应求，此种情况下水质容易恶化，导致鱼类严重浮头而大批死亡。所以，池塘位置首先要选择水源条件好、水量充足的地方。

只要水质好、水量足，江河、湖泊、水库、山泉或地下水都可以作为养鱼的水源。建造养鱼池要掌握当地的水文、气象资料，旱季要能储水备旱，雨季要能防洪排涝。

（二）水质

水质是指水中溶解、悬浮物质的种类及含量。水质的好坏，对水产养殖的生长影响很大，并与人体健康有关。近年来，由于我国工业的蓬勃发展，江河、水库和湖泊的水源已受到不同程度的污染，鱼类等水生生物也受到不同程度的危害。因此，在选择建池场地时，水质也是要着重考虑的条件，养殖池塘的水质必须符合我国颁布的渔业水质标准。

池塘最好选择靠近河边或湖边的地方，因为河、湖的水质条件一般比较好。井水也可以作为养鱼的水源，但因其水温和溶氧量均较低，所以在使用时应先将井水流经较长的渠道或设晒水池，并在进水口下设接水板，待水落到接水板上溅起后再流入池塘，以提高水温和溶氧量。

（三）土质

土质是土壤中所含沙粒、黏土粒、粉粒及有机物质的量。土质中所含沙粒、黏土粒、粉粒及有机物质的比例不同，将会直接影响池塘堤埂的保水和保肥性能；因此，建造池塘对土质有一定的选择性，不同类型土质的特点见表5-1。

表5-1　不同类型土质的特点

类型	物理特性	保水能力
坡土	硬度适当，透水性	强
强壤土	硬度适当，透水性弱	一般
黏土	土质坚硬，堤埂易龟裂	强

沙土、粉土、砾质土等土质无保水能力，均不能用于建造池塘，否则池塘灌水后容易发生渗漏坍塌。建造池塘最理想的土质是坡土，其次为黏土。

壤土性质介于沙土和黏土之间，并含有一定的有机物质，硬度适当，透水性弱，吸水性强，养分不易流失，土壤内空气流通，有利于有机物的分解。

黏土保水能力强，干旱时土质坚硬，堤埂易龟裂，吸水后呈糨糊状。冰冻时膨胀很大，冰融后变松软。

（四）地形

对地形的选择是为了节省劳力和投资。平地建造池塘，工程量小，投资最少。丘陵地带，地势起伏较大，可利用地形，规划成梯级池塘，这有利于池塘的进水和排水。

（五）交通

养殖场每年有大量的养殖物资和成品水产品需要运输。因此，便利的交通线路是养殖场发展不可缺少的条件之一。一般选择交通便利的地方，如果交通不方便，在建造池塘的同时应该考虑修筑道路或开通水路。

二、池塘的结构条件

（一）池塘方位

池塘位置要选择水源充足，水质良好，交通、供电方便的地方建造池塘。这样既有利于注、排水，也有利于苗种、饲料和成鱼的运输和销售。池塘的分布位置，必须方便生产操作，减轻劳动强度，有利于提高工作效率和开展综合利用。在充分利用地形特点的条件下，要在合理调配土方，缩短运输距离，节省劳力和时间等原则的基础上进行。

（二）池塘形状

池塘的形状以长方形为好，长度与宽度之比为（2∶1）～（4∶1），一般情况下认为，东西长而南北宽的长方形池塘为最好，宽边最好不超过50m。这样的池塘，能够接受较多的阳光和风力，有利于养殖品种的生长，也便于操作和管理。长方形池塘不仅外形美观，而且有利于饲养管理和拉网操作，注水时也易造成池水的流转，便于池水循环。在池塘的周围不宜有高大的树木和建筑物等，以免遮光、挡风和妨碍操作。

（三）池塘面积

根据目前食用鱼的饲养管理水平，一般认为池塘面积在 5~10 亩左右较为合适。成鱼池面积一般在 10~15 亩，最大不要超过 15 亩，以免因投饵不均而造成出塘规格差异过大。此外，水体大，水质较稳定，不易突变，因此渔谚有"宽水养大鱼"的说法。

（四）池塘水深

池塘需要有一定的水深和蓄水量，以便增加放养量，提高产量。池水较深，蓄水量较大，水质较稳定，对鱼类的生长有利。因此，渔谚有"一寸水、一寸鱼"的说法。但池塘也不是越深越好。如池水过深，下层水光照条件差，溶氧低，加之有机物分解又消耗大量氧气。因此，池水过深，对鱼类的生存和生长均有很大影响。所以，池水水深一般应保持在 1.5~2m，要求池底平坦、不渗漏，池塘底淤泥不超过 10cm。精养鱼池常年水位一般应保持在 2.0~2.5m，一般不宜超过 3m。

（五）池底形状

池塘池底形状一般可分为三种类型：第一种是"锅底型"，即池塘四周浅，逐渐向池中央加深，整个池塘形似铁锅底；第二种是"倾斜型"，其池底平坦，并向出水口一侧倾斜；第三种是"龟背型"，其池塘底部中间高（俗称塘背），向四周倾斜，在与池塘斜坡接壤处最深，形成一条浅槽（俗称池槽），整个池底呈龟背状，并向出水口一侧倾斜。这样年底排水干池时，鱼和水都能集中在最深的集鱼处（俗称车潭），排水捕鱼都十分方便，所以一般池底都选择"龟背型"池底。

（六）池塘堤坝

池塘堤坝是构成池塘的主要部分，是巩固池塘结构、防止水土流失的重要结构。其种类有外围堤、交通堤、排水堤、进水堤和横隔堤等。因用途和土壤性质不同，各种堤坝的堤面宽度和坡度也各不相同。除外围堤外，其他各种堤坝的堤面高程应尽量保持一致，便于交通和操作。各类堤坝作用及技术要求见表5-2。

表5-2　各类堤坝作用及技术要求

种类		作用	堤面宽度 /m	坡度	平台宽/m
	外围堤	保护全场安全，免遭洪水侵袭	2.5~3.5	1：2	—
	交通堤	通行运输车辆的主要道路	不小于6	1：2	—
排水堤	自流排水条件	构成排水沟的堤坝	2~2.5	1：1.5	0.3~0.7
	动力排水条件	构成排水沟的堤坝	1~5	1：1.5	0.3~0.7
	进水堤	建造进水沟的堤	3~4	1：1.5	0.3~0.7
	横隔堤	拉网捕鱼的操作堤	1.5~2	1：1.5	0.3~0.7

（1）外围堤。外围堤适用于平原湖区地带，作用是保护全场安全，免遭洪水侵袭。因受外荡的风浪冲刷严重，堤面高程不得低于历年的最高洪水水位。堤面宽度要求一般在 2.5~3.5m，坡度为1：2。

（2）交通堤。交通堤是通行运输车辆的主要道路，堤面宽度不得小于6m，坡度为1：2。

（3）排水堤。排水堤是构成排水沟的堤坝。排水沟可以由两条堤构成，也可以在同一条堤上开沟；如果池塘可以利用优势条件自流排水或在湖区通行船只，则由两条堤构成排水沟为好，每条堤的面宽为2~2.5m，坡度为1：1.5。如果池塘只能依靠动力排水，则可以在同一条堤面上开排水沟，节省占地面积。堤面宽度为1~5m，坡度为1：1.5的深水池塘为了捕鱼拉网操作的方便，在正常水面以下1~1.3m处设置操作平台，便于牵网时站人。平台宽度为0.3~0.7m。

（4）进水堤。进水堤是建造进水沟的堤。堤面宽为3~4m，坡度为 1 : 1.5。平台要求和排水堤相同。

（5）横隔堤。横隔堤是拉网捕鱼的操作堤。堤面宽为 1.5~2m，坡度为 1 : 1.5。平台要求和排水堤相同。

三、池塘的水体条件

鱼虾等水生动物终生生活在水中，其外形和内部结构，都是与水中的生活相适应的。水是构成水生动物的主要部分，水也是鱼类的生活空间。所以，了解池塘的水体条件也是养好鱼的重要条件之一。池塘的水体条件一般包括水温、透明度、酸碱度、池水的运动、溶解气体和溶解盐类、溶解有机物质等。

（一）水温

水温是鱼类重要的水体环境条件之一。它不仅直接影响鱼类的生活，而且由于温度的高低变化会引起其他环境因素的变化，也间接地制约鱼类的生长发育。因为鱼类属于变温动物，所以它们的体温会随生活水域的温度变化而变化，水温的变化将直接影响鱼类的代谢程度，从而影响其摄食和发育成长，水温过高或过低都会使鱼类的生长发育受到影响，如果水温变化剧烈，可能会导致鱼类死亡。

一般的养殖鱼类都有其适温范围，如鲢、鳙、草鱼、鲤鱼、团头鲂等主养鱼类的最适宜生长水温一般在 20~30℃。在此温度范围内，随着温度的升高，鱼类摄食量增加，生长也加速。反之，随着温度的降低，鱼类摄食量减少，生长也减慢。当水温下降到 10~15℃时，鱼类摄食量减少，行动缓慢，生长不快。水温降到 4~10℃时，鱼类就会逐渐停止摄食；水温降至 4℃以下时，鱼就潜栖池底深处，进行冬眠。

（二）透明度

清洁的水是无色透明的，但当水层达到一定深度时，由于日光的反射，水面会呈现蓝色。但是当水中含有一定溶解物或悬浮物时，它们就呈现出不同的颜色和出现一定的混浊度。对于池塘来说，主要是由于投饲施肥以及养殖鱼类的排泄等原因产生的浮游生物。

在池塘养殖过程中，对于池水透明度有一定的要求，一般肥水池塘，透明度在 20~40cm。透明度是指水的清澄程度，在实际操作过程中，经常用透明度板来测量池水透明度，以便及时掌握水体情况。

1. 透明度板

透明度板是一个直径为 20cm 左右的黑白两色的圆盘（铁、铝）漆成黑白相间的 4 块，盘中央系一个标有尺度的细绳，下系重锤。操作时用小船开至池塘中央，先把透明度板慢慢沉入水中，至刚好肉眼看不见透明度板的圆盘平面时的距离（通常以 cm 计）为透明度。

2. 影响透明度的因素

在正常天气情况下，池水中泥沙等物质不多，所以池水透明度的高低主要决定于水中浮游生物的多少。水中浮游生物量较丰富，有利于鲢、鳙等鱼类的生长。透明度小于 20cm 或大于 40cm，表示池水过肥或较瘦，透明度小于 20cm 时，往往是蓝藻类过多，透明度大于 40cm 时，则浮游生物量较少，两者对鲢、鳙等鱼类的养殖均不适宜。

（三）水的酸碱度

水的酸碱度用 pH 值表示，pH 值是 7 的水为中性；小于 7 为酸性；大于 7 为碱性。池水的 pH 值主要决定于游离二氧化碳和碳酸氢盐的比例。一般来说，二氧化碳越多，pH 值越低；二氧化碳越少，含氧量越高，pH 值越高。酸碱度对鱼类、水生生物有很重要的影响，pH 值过低，水呈酸性，在酸性水中鱼不爱活动，摄食减少，因此生长受到抑制。一般高产池塘水的 pH 值是中性至弱碱性。如鲢、鳙、草、鲤等温水性养殖鱼类，在 pH 值为 6.5~9 的水中都能适应，但最适宜的范围是 pH 值在 7.5~8.5。如水质偏酸需施用石灰进行改良。

（四）池水的运动

池水的运动主要是因为风和水的密度差。风力使池塘水面形成波浪，一方面，会加速空气中氧的溶入；另一方面，也可以使池塘上下水层混合，把上层溶氧较高的水传到下层去。因水的密度差而产生的对流是池水运动的一种重要形式。通过夜间的对流，把上层溶氧量较高的水传至下层，使下层水的溶氧得到补充，改善了下层水的水质，同时也加速了下层水和淤泥中有机物质的分解，从而加快池塘物质的循环，提高了池塘的生产力。由于白天池水不易对流，上层水较高的溶氧不能及时传到下层，氧气过饱和时，就会逸出水面而白白浪费掉。至夜间发生对流时，上层水中的氧气已减少很多，虽能使下层的溶氧得到一定的补充和提高，但由于下层水中耗氧因子多，消耗氧量大，使溶氧又很快下降。这样就加快了整个池塘溶氧消耗的速度，容易造成池塘缺氧和凌晨池鱼浮头。因此，在高温季节每天凌晨时分要加强巡塘，发现池鱼浮头，应及时采取措施抢救。

（五）溶解气体

池塘水体中溶解很多种气体。一般情况下，水中气体的来源主要有两方面，一方面是从大气中溶入的；另一方面是水生生物的生命活动及池底和水中的物质发生化学变化而在水体中产生。池水中溶解的气体，对鱼类影响最大的是氧气，其次为二氧化碳、硫化氢和氨等。气体溶解于水体中，达到平衡时的浓度称为溶解度。溶解度随着温度的变化而变化，一般的规律：水温上升、气体溶解度下降；水沸腾时，溶解气体全部逸出；压力增加，气体溶解度上升；水体中含盐量增加，气体溶解度下降。

（六）溶解盐类

池塘水中有大量的溶解盐类，它们也是影响鱼类生长的因素，在池水中，对于鱼类生长有益的溶解盐类一般称为营养盐，主要有硝酸盐、磷酸盐、碳酸盐、氯化物等，这些是浮游植物生长、繁殖的营养源，所以溶解盐类和鱼产量的高低有极密切的关系。

（七）溶解有机物质

池塘中由于投喂人工饲料和施放有机肥料而带入大量有机物质；池中死亡的有机体和生物排出的废物等也是有机物质的主要来源。有机物质可作为鱼类的饵料，又是细菌的营养物质，也是供给水中植物营养的肥分来源。一般来说，水中有机物质多，池塘生产力也较高。但由于有机物质分解需消耗大量的氧，如数量过多，消耗氧量大，易引起池鱼缺氧；同时也为致病菌的繁殖创造条件，容易发生鱼病。因此，有机物过多是有害的。

第二节　池塘清整

一、池塘的整修

（一）整修池塘的方法

池塘及其设施在养鱼生产过程中，经常因生产操作和波浪的冲击而受到不同程度的破坏。随着使用时间的延长，池塘及其设施受到的破坏程度也越严重。在一般情况下，每隔 2～3 年就要对池塘及其设施进行一次全面的工程维修。

所谓整塘，就是将池水排干，清除过多的淤泥，推平塘底，将池底周围的淤泥挖起敷贴在池壁上，使其平滑贴实，同时也要修整池堤和进排水口、填塞漏洞和裂缝、清除杂草和砖石等。

（1）堤坝的维修。堤坝维修一般安排在冬季。放干池水，由人工将塌方的泥土复原。如有条件，维修时最好采用水泥板进行护堤。

（2）池底的维修。池塘使用时间长，会造成池底残饵、有机物及淤泥堆积。一般池底淤泥厚度不宜超过 20cm，过多的淤泥必须定期消除。清除下来的淤泥肥效较高，可用于种植青饲料。

（3）进排水系统的维修。进、排水渠内水体有一定的流动速度，对渠道有较大的冲刷破坏作用，同时水流中还带有一定量的泥沙，对渠道有淤积和阻塞作用。因此，必须定期清除进、排水渠道内堆积的泥沙，并修补塌方、漏水的隐患部位。

（二）整修池塘的基本操作

（1）清除池塘淤泥。池塘经 1 年的养鱼后，底部沉积了大量淤泥，故应在干池捕鱼后，进行整塘。进行修塘前，首先要清除池底过多的淤泥，推平塘底，池中只留 10cm 左右的淤泥，将池底周围的淤泥挖起放在堤埂和堤埂的斜坡上，待稍干时应贴在堤埂斜坡上，拍打紧实，然后立即移栽黑麦草或青菜等，作为鱼类的青饲料。这样既能改善池塘条件，增大蓄水量，又能为青饲料的种植提供优质肥料，也由于草根的固泥护坡作用，降低了池坡和堤埂崩坍的可能。同时要做好池塘的整修工作，修整池堤和进排水口、填塞漏洞和裂缝、清除杂草和砖石等。

（2）整修池塘。池塘经过 1~2 年的生产，就需要进行整修改造。否则，塘中淤泥加深，蓄水量减少，不利于鱼类的生长；土质差的堤埂经风化冲刷，还会造成严重塌方甚至坍塌，削弱挡水和防逃能力。池塘的整修方法一般有以下四种：

①修补埂坡。塘埂未严重塌裂，仅在水面以下因水浪冲刷或鱼类拱掘而造成塌方的，可清出池底的淤泥，贴补于塌方的埂坡上，并夯实修整好护坡。若塘底清出的淤泥深度超过 15cm，则用于修补埂坡的泥土要用较硬的一层，这样才牢固。

②邻塘合并。如果塘埂已严重塌裂，修补难度较大，且池塘面积又不大的，就可以挖去残留的塘埂，将其与相邻的池塘合并为一个大的池塘。挖出的埂土和塘内清出的淤泥，可分别用来修补大池塘的埂坡和加固培高埂顶。

③重新筑埂。如果塘埂塌裂严重，且池塘面积较大（10 亩以上）时，就要进行重新筑埂。修筑方法是：先要排干与该埂相邻

的两边池塘中的水，暴晒数日，然后将塌裂埂坡的淤泥清除干净（直至挖到塘底以下 30cm 左右深处），再将塘埂中央残存部分的硬土挖出，用于加固清除淤泥后的埂坡，并将塘底清出的淤泥用来填补塘埂挖出的空缺。新埂筑成后，需待数日后淤泥变硬时，再修整夯实埂面。构筑新"墙"时，若塘埂的土质黏固度较差，则应将塌方处的泥土挖出，从别处取运黏土来填补挖出的空缺，构筑一道新的"墙"埂；有条件的可以在塘埂中央挖去这层土方处，用水泥砂浆浇灌，建造起一堵坚固的墙埂。

④暴晒。在池塘冬休期间，通过池底的冻结、干燥和暴晒，不仅可以杀菌和消除敌害，而且可进一步改良池底的底质，破坏底泥的胶体状态，使其疏松通气。底泥中的有机物质在干燥状态和阳光暴晒下，容易分解，可以提高池塘肥力。

二、池塘的消毒

（一）池塘消毒药品的种类

池塘的消毒药品有很多，常用的主要有生石灰、漂白粉、茶粕和氨水。

（1）生石灰。生石灰遇水生成氢氧化钙，可在短时间内使水的 pH 值迅速提高到 12 以上，24h 内剧烈下降，以后缓慢下降，而后始终稳定在 pH 值 7~8.5，即呈微碱性，有利于鱼虾及其他水生生物的生活；施用生石灰起直接施肥作用，补充了钙肥，对鱼虾有增产作用。能彻底清除野杂鱼及一些根浅茎软的水草，还能杀灭致病的寄生虫、病原体及其休眠孢子等，可以减少病害的发生；生石灰可澄清池水，使悬浮的胶状有机物质等胶结沉淀；生石灰能释放出被淤泥吸附着的氮、磷、钾等，使水变肥；生石灰遇水变成氢氧化钙后，又能吸收二氧化碳后生成碳酸钙，使淤泥变得疏松，改善底泥的通气条件，加速细菌分解有机质的作用，变瘦塘为肥塘。

（2）漂白粉。漂白粉一般含有效氯 30% 左右，遇水分解释放出次氯酸。次氯酸分解释放出氧原子，它有强烈的杀菌和杀死敌害生物的作用，其杀灭敌害生物的效果同生石灰相似。对于盐碱地池塘，用漂白粉清塘不会增加池塘的碱性，因此，往往以漂白粉代替生石灰作为清塘药物。

（3）茶粕。茶粕又称茶籽饼，是油茶的种子经过榨油后剩下的渣滓，压成圆饼状。茶粕含皂角苷 7%～8%，它是一种溶血性毒素，可使动物的红细胞分解。10mg/L 的皂角苷 9～10h 可使鱼类失去平衡，11h 可致其死亡。茶粕清塘能杀灭野杂鱼、蛙卵、蝌蚪、螺蛳、蚂蟥和一部分水生昆虫，但对细菌没有杀灭作用，而且施用后即为有机肥料，能促进池中浮游生物繁殖。必须强调指出，用茶粕清塘，以杀灭鱼类的浓度无法杀灭池中的虾、蟹类。这是因为虾、蟹体内血液透明无色，运载氧气的血细胞不呈红色（称蓝细胞），茶粕清塘常用的浓度不能使其分解。所以，生产上有"茶粕清塘，虾、蟹越清越多"之说。

（4）氨水。氨水呈强碱性。高浓度的氨水能毒杀鱼类和水生昆虫等。

清塘药物见表 5-3。

表 5-3　清塘药物

种类	成分	消毒原理	作用
生石灰	氢氧化钙	遇水产生氢氧化钙，在短时间内使水的 pH 值迅速提高到 12 以上	能彻底清除野杂鱼及一些根浅茎软的水草，还能杀灭致病的寄生虫、病原体及其休眠孢子等
漂白粉	含有效氯 30% 左右	遇水分解释放出次氯酸。次氯酸释放出氧原子，有强烈的杀菌和杀死敌害生物的作用	有强烈的杀菌和杀死敌害生物的作用
茶粕	油茶的种子经过榨油后所剩下的渣滓，压成圆饼状。茶粕含皂角苷 7%～8%	是一种溶血性毒素，可使动物的红细胞分解	杀灭野杂鱼、蛙卵、蝌蚪、螺蛳、蚂蟥和一部分水生昆虫
氨水	氨	呈强碱性	毒杀鱼类和水生昆虫等

（二）池塘消毒的操作方法

池塘清塘主要有生石灰清塘、漂白粉清塘、茶粕清塘和氨水清塘等方法。

1. 生石灰清塘

使用生石灰清塘通常有两种方法。

（1）干法清塘。即将池水基本排干，池中需积水 6~10cm（这样池内泥鳅等就不会钻入泥中）。一般每亩池塘用生石灰 60~75kg，淤泥较少的池塘每亩用生石灰 50~60kg。施用时在池底挖几个小坑，坑的数量和距离，以能够将灰浆泼遍全池为度。将石灰放入坑内，待吸水化成石灰浆后及时全池泼洒。也可将生石灰放入大的锅、盆等容器内加水化开后全池泼洒。最好在第二天用耙将池底耙一遍，使石灰和塘泥充分搅和，充分发挥石灰的作用。

（2）带水清塘。一般水深 1m，每亩用生石灰 125~150kg；水深 2m，则生石灰量加倍，将石灰放在容器内加水化开后全池泼洒。清塘后 7~10d 就可放鱼。

2. 漂白粉清塘

使用方法是先计算池水体积，每立方米池水用 20g 漂白粉，即 20mg/L 将漂白粉放入木桶或瓷盆内加水稀释后立即均匀泼遍全池。漂白粉能杀死病菌、寄生虫和各种敌害生物，而且用量少、省人力、毒性消失快，在生石灰缺乏或交通不便的地方，或急等清塘时可用漂白粉。但漂白粉的消毒效果受水中有机质的含量影响很大，水质肥、有机质多，消毒效果就差。漂白粉改良土壤和水质的作用很小。漂白粉清塘后 5~6d 就可放鱼。

3. 生石灰和漂白粉混合清塘

水深 1m 每亩用生石灰 65~75kg，漂白粉 5~7.5kg。效果比单用生石灰或漂白粉效果好。清塘后 7~10d 可放鱼。

4. 茶粕清塘

使用方法是将茶粕敲成小块，放在容器中用水浸泡，水温

25℃左右时浸泡一昼夜即可使用。施用时再加水，均匀泼洒于全池。每亩池塘水深20cm用量26kg，水深1m用量35~45kg。上述用量可视塘内野杂鱼的种类而增减，对不钻泥的鱼类用量可少些，反之则多些。

5. 氨水清塘

清塘时，水深10cm，每亩池塘用氨水50kg。用时需加几倍干塘泥搅拌均匀后全池泼洒。加于塘泥的目的是减少氨水挥发。氨水也是良好的肥料，清塘加水后，容易使池水中浮游植物大量繁殖，消耗水中游离的二氧化碳，使池水pH值上升，从而增加水中分子氨的浓度，容易引起鱼苗中毒死亡。故用氨水清塘后，最好再施一些有机肥料，以培养浮游动物，借以抑制浮游植物的过度繁殖，避免发生死鱼事故。

（三）池塘消毒注意事项

（1）生石灰清塘的技术关键是所采用的石灰必须是块灰。只有块灰才是氧化钙，才可称为生石灰；而粉灰是生石灰已潮解后与空气中的二氧化碳结合形成的碳酸钙，称熟石灰，不能作为清塘药物。

（2）漂白粉加水后释放出氧原子，挥发、腐蚀性强，并能与金属起反应。因此，用漂白粉消毒时操作人员应戴口罩，用非金属容器盛放（不能用铝、铁制容器，以免氧化而损坏），在上风处泼洒药液，并防止衣服沾染而被腐蚀。此外，漂白粉全池泼洒后，需用船或桨晃动或划动池水，使药物迅速在水中均匀分布，以加强清塘效果。

漂白粉受潮易分解失效，受阳光照射也会分解，故漂白粉必须盛放在密闭塑料袋内或陶器内，存放于冷暗干燥处，否则漂白粉潮解，其有效氯含量大大下降，会影响清塘效果。目前，市场上已有用漂粉精、三氯异氰尿酸等药物来代替漂白粉的趋势。漂粉精清塘的使用浓度为10mg/L。三氯异氰尿酸作为清塘药物其使用浓度为

7mg/L。

（3）要根据具体情况灵活掌握。泼洒药物时人一定要站在上风处朝下风向泼，凡最高水位线以下的池堤均要泼洒到。用药物清塘，除漂白粉清塘后需经 5～6d，其他需经 7～10d 后方可放养苗种。

第三节　敌害的清除和塘水的培育

一、池塘敌害的清除

（一）敌害生物的识别

池塘养殖鱼类的敌害有藻类、腔肠动物、软体动物、甲壳动物、昆虫、鱼类、两栖类、爬行类、鸟类、哺乳类等，此类养殖鱼类的敌害直接吞食或间接危害鱼类，对水产养殖造成很大损害。敌害的危害性和防治方法如下。

1. 藻类

（1）青泥苔。青泥苔是江、浙渔农对池塘中常见的丝状绿藻的总称，它包括星藻科中的水绵、双星藻和转板藻三属的一些种类。在春季随着水温的逐渐上升，青泥苔在池塘浅水部分开始萌发，长成一缕缕绿色的细丝，直立在水中。衰老时丝体断离池底，浮在水面，形成一团团的乱丝。鱼苗和早期的夏花鱼种，游入青泥苔中，往往被乱丝缠住游不出来而造成死亡。

（2）水网藻。与青泥苔的危害方式基本一样，且比青泥苔更严重。水网藻是一种绿藻，藻体是由很多长圆筒形细胞，相互连接构成网状体，每一"网孔"由 5 或 6 个细胞连接而成，由于集结的藻体像渔网，所以称为水网藻。

2. 腔肠动物

水螅用触手捕捉鱼苗，使鱼苗致死。水螅是生活在淡水中的一种腔肠动物，身体上生有许多刺细胞，特别是触手和口的周围较多，这种刺细胞受刺激时，可以突然射出刺丝并排出毒液，是水螅攻击和防御的武器。

3. 软体动物

软体动物包括蚌和螺两大类，这两类的软体动物不捕食鱼苗，原是青鱼和鲤鱼等的天然饵料，在湖泊水库中软体动物产出的数量是直接决定底层鱼鱼种放养数量与种类的一种依据；但在池塘中如大量繁殖，因为螺、蚌是鱼苗、鱼种的天然饵料、商品饵料的竞争者，所以对鱼苗、鱼种的饲养会产生一定的危害。同时，螺类、蚌类是复殖吸虫的中间宿主，也是鱼和人类某些蠕虫病的来源。

4. 甲壳动物

（1）蚌虾。蚌虾消耗水中溶氧和养料，影响鱼苗生长，对幼鱼，特别是对 10d 以内的鱼苗，危害很大，往往引起大量死亡。它对鱼苗的危害主要体现在 3 个方面：在池水中大量出现时，翻滚池水，鱼苗遭受严重骚扰，无法正常生活；消耗水中溶氧，引起泛池现象；掠夺水中的养料，使鱼苗营养不足，生长缓慢。

（2）桡足类。桡足类残害鱼卵和孵化后 4~5d 内的鱼苗。桡足类也是浮游动物中的主要组成部分，是鱼苗和一些成鱼的良好食饵。鱼苗长至 5d 以上，桡足类对鱼苗就没有危害作用了，鱼苗反而可把它作为食饵。

5. 昆虫

（1）水蜈蚣。水蜈蚣捕食鱼苗。水蜈蚣又名水夹子，是江苏、浙江、湖北等地渔农对龙虱、科龙虱、灰龙虱、缟龙虱等水生昆虫幼虫的统称。龙虱成虫和幼虫都是肉食性的。它白天潜伏池边，捕食鱼苗，夜间常飞入空中，转落他池。灰龙虱又称水蜈蚣，它用大颚夹住鱼苗，吸食其液体，一只水蜈蚣一夜之间可夹死鱼苗 16 尾之多，对鱼苗危害很大。

（2）其他昆虫。其他昆虫有水蚤（蜻蜓目昆虫的幼虫）、田鳖、桂花蝉、中华水斧、单项水斧、松藻虫等，它们都捕食鱼苗。

6. 两栖类

蛙类属无尾目，蛙科。在常见的蛙类中，有些种类的成体和蝌蚪，都对鱼苗有一定危害。池塘中出现大量的蝌蚪，消耗水中的溶氧，争夺鱼苗的天然食料和商品饵料，并且会扰乱鱼苗的取食，其中虎纹蛙的蝌蚪还吞食鱼卵和鱼苗。各种蝌蚪的体表往往大量寄生着许多种与寄生在饲养鱼类体表同种类的车轮虫，它们可以相互感染。这些感染车轮虫的蝌蚪，可随水流把病原带到别的池塘，增加了车轮虫病的蔓延机会。

7. 爬行类

（1）中华鳖。中华鳖又称甲鱼、团鱼，属爬行纲鳖科。鳖生活于湖泊、水库、江河、塘堰和池塘中，在水中游动活泼，喜出水晒太阳，出水后爬行迅速。通常以小鱼、虾、螺蛳等为食料，在池塘中常发现有鳖捕食鱼苗和早期的夏花鱼种，但在池塘中的鳖数量一般不多，故危害不大。

（2）水蛇。水蛇又称泥蛇，属有鳞目，游蛇科。体长，雌蛇可达70cm，雄蛇可达52cm。体背呈橄榄色或灰褐色，有黑色小斑点；腹面黄色或橙色，有黑斑。它平时多栖息于平原，但大部分时间是在水中生活，在湖泊、水库、江河、塘堰、水沟等水体及其附近都可找到。它主要捕食鱼类、两栖类动物。在养鱼地区，特别是我国南部养鱼区，常有水蛇出现于池塘中，幼鱼常受其侵害。

8. 鸟类

鸟类由于食性不同，其中有部分种类适应于水滨生活，不但猎取鱼类为食，而且有些鸟类还是某些鱼类寄生虫的终宿主，可传播病原体，造成疾病的流行。鸬鹚、苍鹭、池鹭、鹗、红嘴鸥、翠鸟是比较常见和对鱼类危害较大的鸟类。

（二）野杂鱼类的识别

由于鱼类的食性不同，在养殖水体中往往出现肉食性的凶猛鱼类捕食其他鱼类。因此，对养殖水体中各种饲养鱼类的鱼苗和幼鱼危害很大。常见的有以下种类。

1. 鳡鱼

鳡鱼又名黄鳟、竿鱼，体细长，稍侧扁，头尖，呈锥形，口位于头的尖端，上颌有坚硬的棱，下颌中间有坚硬的钩状突起，背鳍无硬棘，起点稍后于腹鳍，6—7 月间产卵，卵白色。性凶猛，生活于水中上层，以捕食其他鱼类为生，常能吞食比其本身大的鱼类。14mm 长的鳡鱼苗就能捕食其他鱼类的鱼苗。

2. 尖头鳡

尖头鳡属鲤科，体形杆状，似鳡鱼，但头的前半部细长，稍成管状，吻端扁平似鸭嘴，背鳍在身体的后半部，生活于水的中下层，性凶猛，游动迅速，善于捕食其他鱼类，以细长管头的前部伸至草丛或乱石的隙间取食，但主要是捕食鱼类，特别是下层鱼类，如鲤、鲫等。尖头鳡每年 4—5 月间产卵，孵化后的仔鱼，卵黄囊吸收后即以鱼苗及枝角类为食。尖头鳡的鱼苗吞食其他鱼类的鱼苗比鳡鱼苗更厉害。

3. 鳜鱼

鳜鱼又名桂鱼或季花鱼，体侧扁，较高，口大，下颌向前突出，鳞细小，体侧具有许多不规则的斑块和斑点，生活于水草或石块较多的水中，每年 5—8 月间产卵，性凶猛，主要捕食小鱼和虾。它在鱼苗时期即可捕食其他鱼苗，是鱼苗和小鱼的敌害。

4. 乌鳢

乌鳢又名乌鱼、黑鱼、财鱼。体细长，前部圆筒状，后部侧扁，头尖而扁平，背鳍和臀鳍都很长，有腹鳍，背鳍前方稍隆起，背部灰绿色，腹部白色，体侧有明显的黑色条纹，栖息于水草茂盛以及水容易混浊的泥底水体中，常潜伏在浅水水草较多的水底，猛袭游近的鱼类、小虾、蝌蚪和昆虫等小动物。体重 1kg 的乌鱼能吞食 100~150g 的草鱼、鲫、鲤等，是池塘养鱼的大害。3—8 月为其产卵期，每年共产卵 3 次，亲鱼集水草为巢，在巢的中央空隙部分产卵。

5. 鲶鱼

鲶鱼又名鲇鱼、胡子鲢，体长，头部平扁，尾部侧扁，口宽大，头部有 2 对触须，背鳍短小，臀鳍长，与尾鳍相连，生活在水的中下层，性不活泼，白天多栖息于水草丛生的底层，喜在夜间觅食，捕食小型鱼类、虾和水生昆虫。

6. 黄颡鱼

黄颡鱼，身体腹部平直，体后半部侧扁，头大，扁平，口大，下位，头部具触须 4 对，背鳍和胸鳍各具一硬棘，在背鳍后方有一个脂鳍，体色青黄，并杂有黑色块斑，为底栖鱼类，喜生活在具有腐败物和淤泥的静水或缓流浅滩处。白天栖息于水底层，夜间浮至水面觅食，以水生昆虫、小虾等为主要食料，也吃螺蛳和捕食小鱼，是鱼苗的敌害。

（三）池塘敌害的清除方法

1. 藻类防治方法

用生石灰清塘，可以杀灭青泥苔；未放养鱼类的池塘，可按每亩 50kg 草木灰撒在青泥苔上，使它得不到阳光而死亡；如已放养鱼苗的池塘出现青泥苔，用 0.7mg/L 的硫酸铜遍洒全池，可有效地杀灭青泥苔。

2. 腔肠动物防治方法

如水塘中发现有大量水螅，应将池中水草、树枝、石头等杂物清除，使水螅没有栖息的场所，这种措施虽然达不到全部清除的目的，但可大大降低其数量，把危害程度降低到最小；用 0.7mg/L 的硫酸铜遍洒全池也可杀灭水螅。

3. 软体动物防治方法

池塘要彻底清塘消毒，消灭水体中的椎实螺和其他螺类和蚌类；施用牛粪等肥料，事先要经过充分发酵，使各种寄生虫卵在粪肥发酵过程中被高温杀死后才施用于池塘；在血吸虫病流行区，下水捕鱼、割水草等，应采取有效的防护措施，预防尾蚴感染；进行经常性的池塘饲养管理工作的人员，下水工作时，应穿橡皮下水衣或者在皮肤上涂抹如"防蚴剂一号""皮避敌""防蚴宁"等防护药品，防止吸虫尾蚴侵染。

4. 甲壳动物

（1）蚌虾防治方法。用0.15mg/L晶体敌百虫遍洒全池，3d后能取得良好的效果。

（2）桡足类防治方法。作为"发塘"的池塘，一定要用生石灰清塘。待鱼苗孵化5d后才入池"发塘"。进入孵化环道或孵化桶的用水，要严格通过过滤设备，可用沙石作过滤墙，或用60~70目的铜纱网、尼龙纱网等过滤，不让这些桡足类随水流进孵化器。

5. 昆虫

（1）水蜈蚣防治方法。鱼苗放养前，可用生石灰干法清塘，杀死水蜈蚣。注入新水时，将过滤设施装在入水口，防止龙虱和水蜈蚣随水进入鱼池。

（2）其他昆虫的防治方法。用石灰清塘，一般能杀死水生昆虫。用晶体（含90%）敌百虫0.3~0.5mg/L全池遍洒，能有效地杀灭水蚤，对松藻虫也有一定的杀灭效果。但有许多昆虫都会飞翔，清塘以后要防止昆虫进入鱼池有一定困难。广东和浙江地区的渔农在拉网锻炼鱼苗时，将鱼苗密集在罾池中，加入少许煤油，使水生昆虫触到煤油而死亡，这种驱虫方法效果很好。

6. 野杂鱼类防治方法

池塘放养前采用常用的清塘药物彻底清塘；在鱼种饲养阶段，可结合拉网锻炼鱼苗时清除野杂鱼；江苏、浙江等地区运用油丝网、围网、鳃鱼网、乌大网等渔具以清除害鱼。

7. 两栖类防治方法

在放养鱼苗之前，用生石灰彻底清塘，能有效地杀灭蛙卵或蝌蚪；每亩用 12.5kg 茶粕清塘，也有较好的效果；在蛙类繁殖季节，注意防止亲蛙跳入池中产卵，应及时用网将池中蛙卵捞掉；已经放养鱼苗的池塘，可借拉网锻炼鱼苗时，将蝌蚪清除出池。

8. 爬行类水蛇防治方法

用叉形捕蛇器进行捕杀；采用麻线织成长 1cm、宽 0.5m，网目为五分的网，上系浮子，下系沉子，于傍晚将网帘成"之"字形布在鱼池里，当水蛇游动或追逐鱼苗时，被网目卡住，清晨将网帘捞起，可清除部分或大部分水蛇。利用延绳钓钩，在每一钓钩上系杂鱼为诱饵，分设于池塘四周，水蛇吃了诱饵，被钩钩住，也可消灭一部分。

9. 鸟类防治方法

对各种害鸟，一般在池塘周围用网进行防护，防止鸟类来袭或装置诱捕器捕捉。

除采用上述方法外，在鱼苗、鱼种放养前，要用生石灰等药物清塘消毒。

二、塘水的培育

（一）培育塘水的方法

所谓培育塘水，就是向池塘施用肥料，培育池塘水质，通过施肥增加各种营养物质，保证池塘水体最大限度的生产力，增加鱼产量是池塘施肥的目的。

池塘作为一个生态系统，时刻进行着复杂的物质循环过程。池塘物质循环的速度，决定了池塘的生产力。养殖鱼类是池塘食物链的最终环节。鱼产品为人类所利用，人们从池塘中捕捞出鱼类，池塘中的有机物则相应地减少。如不向池塘中补充循环物质，则池塘水体的物质循环和能量流动就会失调，其生产力就会下降。池塘施肥的作用，就在于不断补充池塘在物质循环过程中由于捕获鱼产品所造成的损失，保持和促进池塘物质循环能力，即保持和促进基础生产力，以获得较高的鱼产量。池塘施肥对提高池塘鱼产量有明显的效果。据测算，采用有机肥料和无机肥料施肥的池塘，鱼产量每天每亩可以提高 1~2kg 左右，其效果与使用颗粒饲料（粗蛋白含量 25%，配方中鱼粉占 10%）养鱼的效果不相上下。

池塘施肥用肥料可分为以下几种。

（1）有机肥料（表 5-4）。有机肥料是指含有大量有机物的肥料。池塘施用的有机肥料主要包括绿肥、粪肥、混合堆肥等。有机肥料肥效全面，作用持久，但肥效较迟且耗氧多，也易污染水质。有机肥料是池塘施肥至今为止使用的主要肥料。

表 5-4 有机肥料

名称	来源	加工方法	作用
绿肥	天然生长的各种野生（无毒）青草、水草、树叶、嫩枝芽或各种人工栽培的植物	经简易加工或不经加工，作为肥料	在水中易腐烂分解，肥效高，维持肥效时间长，容易控制，是培养鱼苗的优良肥料
粪肥	人粪尿和各种家禽、家畜粪尿等	施用时须经过发酵或加 1%~2%石灰消毒，消灭各种病菌和寄生虫，以防疾病传染	对繁殖浮游植物有利
混合堆肥	绿肥、粪肥	把绿肥、粪肥按不同的比例堆沤而成	能使配料成分更适合浮游生物繁殖的需要

（2）无机肥料。无机肥料俗称化学肥料。无机肥料具有肥分含量高，一般肥效较迅速，肥劲较短，可以直接为水生植物吸收利用，分解不消耗氧气等特点，所以无机肥料也称为"速效肥料"。池塘施用的无机肥料根据其所含成分的不同，可分为氮肥、磷肥、钾肥和钙肥等（表 5-5）。

表 5-5 无机肥料

种类	成分	作用	存在状态
氮肥	是蛋白质的主要成分，也是叶绿素、维生素、生物碱以及核酸和酶的重要成分	促进植物叶绿素的形成、增强光合作用	无机氮肥主要有硫酸铵、氯化铵、碳酸氢铵、氨水等铵态氮肥；硝酸铵、硝酸铵钙等硝态氮肥；以及尿素等酰胺态氮肥
磷肥	是核酸和核苷酸的组成成分，是原生质及细胞核的重要成分	能加强水中固氮细菌和硝化细菌的繁殖	无机磷肥主要有过磷酸钙和重过磷酸钙，此外还有汤马斯磷肥、磷矿粉和骨粉等
钾肥		调节细胞原生质胶体状态和提高光合作用强度的功能，能促进酶的活性和细胞的繁殖	用的钾肥有硫酸钾、氯化钾及草木灰等
钙肥	在细胞中以离子状态存在	对改良池塘环境和土壤的理化状况，促进有机物质矿化分解，预防鱼病的发生起着重要作用	生石灰

（二）培育塘水的基本操作

1. 肥料的施用方法

全年池塘施肥量的估算。合理的使用肥料，调节池塘水质的肥度，使池塘中有丰富的天然饵料，保持池水"肥""活""爽"，是池塘养鱼高产稳产的重要措施之一。施肥应根据池塘条件、饲养条件、放养模式、产量指标和技术水平等来制订全年池塘的施肥量。

目前，在大部分地区池塘养鱼生产中，以配合饲料为主，施肥为辅。以亩产 500kg 的鱼池为例，一般需投喂配合饲料 1 000～2 000kg 和青饲料 2 000kg 左右，同时需施用有机肥料 1 500～2 000kg。再根据池塘的具体条件，在鱼类生长旺季的6—9月，适量的施用无机磷肥和钙肥，调节水质的肥度。全年按月施肥的分配比例见表5-6。

表5-6 按月施肥的分配比例

月份	1—3	4	5	6	7	8	9	10	11
比例（%）	30	20	18	7	5	5	7	6	2

当前，我国单一使用无机肥料养鱼的经验甚少，所以估算其全年的施用量尚有困难。一般在养鱼生产的过程中，依池塘水质状况，采用无机肥料作为追肥的效果最佳。

2. 有机肥料的施用方法

有机肥料既可作为基肥，也可作为追肥。但有机肥料一般肥效较迟，下塘后需经微生物分解、转化为简单有机物和无机盐才能发生肥效，故在施用上需考虑发生肥效的时间。一般来说，有机肥料施用4~5d后即有明显肥效；新鲜绿肥下池堆沤，肥效稍迟2~4d。据测定，施用粪肥在适宜的水环境下，可使对鲢鱼易消化的浮游植物在4~5d内达到繁殖高峰，鲢鱼不易消化的藻类一般7d左右达到高峰。因此，无论池塘将有机肥料用于基肥或追肥，都需提前施用。比如在鱼苗池中作为基肥，根据当时的水温，粪肥宜在鱼苗下塘前4~6d施用，绿肥则需在下塘前8~12d施用。过早施用，肥效过早消失，饵料生物高峰期已过；过迟施用，则未发生肥效，饵料生物未能培育出来。追肥也要适时，否则会造成池水肥度脱节。

有机肥料下池后，由于经腐生性微生物的分解矿化，消耗水中大量溶氧。故有机肥料最宜先经发酵腐熟处理，然后下池。施用有机肥料，必须严格控制施肥量，尤其在夏秋高温季节更要严格掌握每次的施肥量。绿肥、粪肥一般只作为基肥，每亩施肥300~500kg；作为追肥每亩施肥50~100kg。施用有机肥料的原则是"勤施、少施"，同时根据天气、水质、鱼的活动情况灵活掌握。

对于新开挖的池塘、水质清瘦或池底淤泥少的池塘，宜多用有机肥料，尤其是绿肥和粪肥，且施用量可适当大一些。一般池塘往往仅在冬春季将有机肥料作为基肥，而在鱼类主要生长季节，由于大量投饵，水中有机物含量已较高，为防止池水缺氧，故往往只施无机肥料，而不施耗氧量大的有机肥料。

粪肥施用时通常采用全池泼洒或部分池面泼洒的方法。特别是鱼苗、鱼种培育池，新鲜牛粪加水搅拌成牛粪液全池泼洒培育家鱼鱼苗、鱼种，效果良好。

施用绿肥时，通常将新鲜绿肥，每 20~30kg 一扎，并排于池边水中堆沤。绿肥应全部浸没于水中，其上再加塘泥压面，不使绿肥露出水面。为了易于沤腐和不损失肥效，应防止绿肥晒干。同时，每次施绿肥需更换堆放位置。

3. 无机肥料的施用方法

我国应用无机肥料养鱼的历史不长，通过不断生产实践的总结认为，应用无机肥料养鱼，应根据池塘土壤、水质的特点和肥料的理化性质，相互配合使用。一般氮肥、磷肥、钾肥的施放比例为2:2:1。

在鱼类主要生长季节，施用磷肥对增加水中磷含量，调整氮磷比，促进浮游植物生长，提高池塘生产力起着重要作用。在6—9月，鱼类生长旺盛，投饵量大，鱼的排泄量多，池水 pH 值往往偏低，每月向池塘施放生石灰 1~2 次，每次每亩40~50kg，使 pH 值调节到 8 左右，对防治鱼病，稳定水质有着良好作用。

池塘施用无机氮肥要掌握适宜，研究认为，水中有效氮的浓度应保持在 0.3mg/L 以上时，对繁殖藻类较有利。因此，可参照这个标准来确定氮肥的施用量。施肥的方法采用少量多次的原则，有利于较稳定地供应营养物质和促进浮游植物的繁殖。在实践中目前主要根据池水的透明度和水色来掌握。一般维持透明度在 30cm 左右，水色较浓，呈黄绿色或褐绿色，此时施肥量较恰当。如能进一步检查浮游生物的种类和数量则更好。施用铵态氮肥时，应避免与石灰、草木灰等碱性肥料混合在一起，否则铵就会变成氨而挥发损失。硝态氮肥吸湿性较大，在储存时要注意防潮，又因硝态氮肥有助燃作用，在运输和储存时，要防止起火爆炸。

4. 有机肥料和无机肥料配合施用方法

有机肥料和无机肥料同时使用或交替使用，可以充分发挥两类肥料的优点，又相互弥补了缺点，因而得到更好的施肥效果，并节约了肥料的消耗量，施有机肥料容易造成池塘缺氧，如同时适量使用无机肥料，能使浮游植物较快的大量繁殖，使光合作用增强，产生大量氧气，大大改善池塘溶氧状况，充分发挥两种肥料的优点。所以，在实行有机肥料和无机肥料配合施用时，一般先施用有机肥料作基肥，奠定池塘肥力的基础，再按池塘水质肥度的具体情况，实行有机肥料和无机肥料配合（包括肥料的种类和数量的配合）施用，适时的掌握施肥的时间，充分发挥肥效，促进池塘水质保持"肥""活""爽"。

第四节　饲料及其投喂

一、养殖种类生长概述

我国池塘养殖的鱼类到目前为止，种类已达到 20 种以上，但是主要的养殖对象还是传统的养殖鱼类如青鱼、草鱼、鲢鱼、鳙鱼、鲤鱼、鲫鱼、团头鲂、鲮鱼等数种。这些鱼类具有一整套成熟的"八字精养法"综合养殖技术，不论在养鱼地区和产量上都占主导地位。

了解、掌握其生物学特性，对提高养殖效率十分重要。生物学特性包括形态特征、食性、生长、繁殖、生活习性等内容。

（一）养殖种类的生长特点

1. 青鱼

青鱼生长速度较快，1 龄时可长至 0.5kg；2 龄时可长至 2.5～

3.0kg；3 龄时生长速度最高，在良好的环境中可长至 6.5~7.5kg。在进入性成熟的 5 龄后，生长速度显著减慢。

2. 草鱼

草鱼是生长速度最快的鱼类之一。体长增长最迅速时期是 1~2 龄时，而体重增长最快时期为 2~3 龄时，达到 5 龄以后生长速度显著减慢。因此，从渔业经济效益角度和草鱼资源充分合理利用角度来考虑，草鱼经过 3 个生长季节，在 3 龄以后当体重达到 5kg 大小的规格时起捕食用较为合理。

3. 鲢鱼

鲢鱼有较快的生长速度。体长的实际增长以 3~4 龄为最快，4 龄以后生长速度减慢；体重的实际增长以 3~6 龄为最快，3 龄的鲢鱼体重可达到 3~6kg。江河、湖泊、水库、池塘中养殖的鲢鱼，其生长速度由于生活、栖息、食料环境的不同而有一定差异。

4. 鳙鱼

鳙鱼生长比鲢鱼生长稍快一些。体长的增长以 2 龄时为最快，体重的增长则以 3 龄时为最迅速。在 4 龄前，雌雄个体的生长速度无差异，5 龄后雌鱼比雄鱼的体重增长得快。

5. 鲤鱼

鲤鱼是比较大型的鱼类之一。通常体重为 1.0~2.5kg。大的可达 10~15kg，最重的纪录为 40kg。鲤鱼生长较快，体长的增长在 1~2 龄时最快，体重的增长在 4~5 龄时最快。但与青鱼、草鱼、鲢鱼、鳙鱼四大家鱼比较，相对较慢一些。

6. 鲫鱼

鲫鱼生长速度缓慢，个体也不大，常见个体的体重为 0.10~0.25kg，大的可达 1.5kg 左右，更大的则比较罕见，极个别的可达到 3kg。

7. 团头鲂

团头鲂在自然水域中生长较快，1龄鱼体长为16.4cm，2龄鱼为30.7cm，3龄为38.8cm。一般以1~2龄鱼生长最快，当年鱼的体长可达12~23cm。

8. 鲮鱼

鲮鱼在天然水体中的最大个体可达4kg，0.1~1.0kg的个体数量最多，是一种中型鱼类，生长较青鱼、草鱼、鲢鱼、鳙鱼慢。

（二）养殖鱼生产特性

1. 青鱼

又名乌青、螺蛳青、青鲩、黑鲩、乌鲩、黑鯖、乌鯖、铜青、青棒、五侯青等，是鲤科雅罗鱼亚科中的大型鱼类，分布于我国长江、珠江及其支流、黄河、黑龙江及其他北方水系中，种群较小。在江河中最大个体可达70kg，常见个体可达15~25kg，在池塘中可长到10~15kg。

2. 草鱼

属于鲤形目鲤科雅罗鱼亚科草鱼属的唯一种，又名白鲩、草根鱼、厚鱼。体略呈圆筒形，头部稍平扁，尾部侧扁；口呈弧形，无须，上颌略长于下颌；下咽齿2行，侧扁，呈梳形，齿侧具横沟纹；鳞中等大小；体呈浅茶黄色，背部青灰，腹部灰白，胸、腹鳍略带灰黄，其他各鳍浅灰色；为中国东部广西至黑龙江等平原地区的特有鱼类。

草鱼栖息于平原地区的江河湖泊，一般喜居于水的中下层和近岸多水草区域。性活泼，游泳迅速，常成群觅食，通常在被水淹没的浅滩草地和泛水区域以及干支流附属水体摄食肥育。草鱼为典型的草食性鱼类，在干流或湖泊的深水处越冬，生殖季节亲鱼有洄游习性，在激流江段产卵，产卵期在3—7月，卵半沉性，受精卵的卵膜吸水膨胀，顺水漂流，4龄性成熟，怀卵量为30万~

138 万粒。

3. 鲢鱼

又名白鲢、跳鲢、鲢子鱼等，属鲤科鲢亚科，分布很广，我国自南到北都能生长。鲢鱼栖息于水的中上层，在天然的江湖中，最大个体可达到 20kg 以上，在池塘中，最大个体为 10～15kg。鲢鱼具有生长快、疾病少、不需专门人工投饲的特点。因此，虽肉味没有青鱼、草鱼好，但目前仍是池塘养殖特别是城郊养鱼的主体鱼，产量居首位，特别是在江苏、浙江一带池塘中，产量占养殖总产量的 40%～60%。

4. 鳙鱼

又名胖头鱼、花鲢等，属鲤科鲢亚科，很多习性与鲢鱼相似，生活在中上水层，活动力没有鲢鱼强，分布在我国南北各省。鳙鱼在天然江河、湖泊中最大个体可达 30～40kg，在池塘中最大个体一般为 10～15kg。鳙鱼具有生长快、疾病少、不需专门投饲的特点，捕捞也比鲢鱼方便，能适应各种水体（池塘、湖泊、水库）。

二、养殖种类的食性

（一）青鱼

青鱼的食性比较单一，在自然界主要摄食软体动物中的螺蛳（湖蛳、椎实螺等），也摄取蚬子、淡水甲壳类、扁螺等，底栖动物如蜻蜓幼虫、摇蚊幼虫、钩介幼体等也是它的食料。幼小的青鱼以摄食浮游动物中的枝角类为主。青鱼是一种典型的肉食性鱼类，由于软体动物是贴近水底生活的，而青鱼为了觅食也自然地变成了一种近底层生活的鱼类。青鱼的咽喉齿呈白齿状，角质垫发达，这适于压碎螺类、蚌类、蚬类的壳，其肠管也较短，约为体长的 1.2 倍。近几年河湖中螺蛳资源大量减少，为了发展青鱼养殖，目前很多单位主要投喂人工配合饲料。在人工饲养条件下，青鱼摄食螺、蚬类及由糠、麸、蚕蛹配制的饲料。

（二）草鱼

草鱼的食性比较单一，在自然界主要摄食高等水生植物，草鱼的名称即因食草而来。其所食水草的种类随各水体而异，一般来说，苦草、轮叶黑藻、小茨藻、眼子菜、浮萍、芜萍等都是其喜食的种类，也喜食有些生长在水边的旱草，如蒿草、苏丹草等。夏季涨大水后被淹没的长草地区，往往就是草鱼的肥育地。草鱼是一种典型的草食性鱼类，因此肠管较长，成鱼的肠管一般为体长的 2.5 倍，这也是一种适应的结果。草鱼的咽喉齿具有锯齿状的顶面，有切断、嚼碎水草的功能。冬季草鱼基本停止或很少摄食，肠管中往往空无一物。幼小的草鱼则主要摄取动物性食料，体长长到 1cm 以前的鱼苗主要摄食小型的浮游动物，此时肠管是直的而且很短，仅为体长的 0.5 倍。随着生长，肠管渐渐增长，逐渐转为摄食轮虫、摇蚊幼虫、浮游甲壳类，5cm 以上的幼鱼就逐步转变为草食性。草鱼食量较大，日摄食量甚至可达体重的 40%~70%。在人工饲养条件下，也喜食饼类、糠、麸、蚕蛹等配合饲料。

（三）鲢鱼

鲢鱼是典型的滤食浮游生物（以浮游植物为主）的鱼类，具有特化的滤食器官，其鳃耙结构细密，微小的浮游植物不能随水滤出体外而成为食料。鲢鱼以各种硅藻、甲藻、金藻、黄藻等为主要食料，但难以消化利用许多绿藻、裸藻、蓝藻，因为这些藻类的细胞壁外有一层胶被或纤维质壁，鲢鱼缺少消化这些物质的消化酶。鲢鱼的肠管在主要以摄食动物性食料的幼期也是较短的，不及其体长，以后才渐渐增加到约为体长的 10 倍。肠管在春夏季充塞度很大，冬季减少到最低限度。鱼苗期开始时摄食浮游动物，如轮虫、无节幼体、小型枝角类等。随着肠管的发育、鳃耙长出齿状突起，即开始摄食一些浮游植物，如硅藻、甲藻、黄藻类，但仍以浮游动物为主要食物。孵化后 20d 左右，鳃耙的间隙中生出薄膜，成为集聚藻类的滤食器，摄食也几乎全是浮游植物和植物的腐屑，很少摄食浮游动物。人工饲养鲢鱼通常以粪肥、绿肥为主，也可适当投些糠、麸、糟等精饲料，以加速其生长。

（四）鳙鱼

鳙鱼以浮游动物为主要食料，辅以浮游植物。鳙鱼的鳃耙发达，排列密集，但不特化，这适应了主食浮游动物的特性。鳙鱼的食物主要是轮虫、甲壳动物的枝角类、桡足类，也包括多种藻类。鳙鱼和鲢鱼一样，是一种不断摄食的鱼类，只要鱼不断张嘴进行呼吸，食物就同时随水进入鳃腔。鳙鱼除食天然饵料外，在人工饲养的条件下喜食人工投喂的豆浆颗粒，也食豆渣、豆饼粉、菜饼粉、糖糟、酒糟、麸皮、鱼粉、麦麸、米糠等人工饲料以及畜禽的粪便。

三、饲料投喂

（一）饲料投喂的基本要求

1. 投饵原则

"匀、足、好"是总原则。按此原则去投喂，才能保证池鱼吃饱、吃好、快速生长。"匀"就是根据鱼的需要量，每天均匀地投喂。这样，不仅可预防疾病保证正常生长，而且可以提高饵料效率。时多时少或喂喂停停等不规律的投饵、会导致饵料系数增大，还会出现"一日不喂，十日不长"的恶果。在一年中，要按池鱼的实际需要进行均衡投饵，否则也不能提高饵料效率。"足"就是以最适的投饵数量，满足鱼类的需要。"好"是饵料质量优等，即新鲜、营养全面、适口等。目前，常用的配合饲料，往往只是多种原料的混合，所以大多数的鱼用饲料营养并不齐全，在投喂时适当补充一些鱼所喜食的天然饵料，以弥补营养的不全。

在正确掌握"匀、足、好"总原则时，应注意足是基础，足中求匀，足中求好。饲料投喂技术水平的高低直接影响鱼类养殖的产量和经济效益的高低。因此，必须对投饵技术予以高度的重视，要认真贯彻"四定"（定质、定量、定位、定时）和"三看"（看天气、看水质、看鱼情）的投饲原则。

2. 投饵量

为做到计划生产，确保"匀、足、好"投饵，必须在放养之前，进行全年所投饵的估算，衡量能不能保证计划放养鱼类的需要。当发现饵料供给有缺口时，则调整放养计划或寻找开源节流的途径予以补足。放养计划确定之后，应做出全年的投饵计划。计划应该按塘制订，各塘的投饵量应根据鱼种的放养规格和数量、池鱼的计划增肉倍数和饵料系数来确定。

每日的投饵，通常的计算方法：根据全年的计划投饵量和各月的百分比来计算，所求得的数，是该月的总投饵量，除以全月天数，得出日平均投饵量。一般中旬可按此平均数投喂，上旬则应低于中旬用量，但需高于上月下旬的用量，下旬则应高于中旬的量，低于下月上旬的量。如果完全投喂精料，日投饵可按鱼类递增体重计算目前按体重计算日投饵量的方法。

3. 投喂次数

投喂次数是指日投饵量确定以后投喂的次数。我国主要淡水养殖鱼类多属于鲤科鱼类的"无胃鱼"，摄取饲料由食道直接进入肠内消化，一次容纳的食物量远不及肉食性有胃鱼类。因此，对草鱼、团头鲂、鲤鱼、鲫鱼等无胃鱼，采取多次投喂，可以提高消化吸收率和饲料效率。

经实验表明，鲤鱼在水温 27~32℃ 时，每天投喂 8~10 次可达最大增重，少于 5 次增重较差。从生产实际出发，单养鲤鱼，每天以投喂 6~7 次为宜，随水温下降投喂次数可适当减少。虹鳟、鳗鲡等有胃的肉食性鱼类，每天投喂 1~3 次就可达到最大增重率，我国的池塘养鱼是以鲤科鱼类为主，应以连续投饲为佳，但是由于养殖场生产规模比较大，限于人力等因素，每天投喂次数以 3~4 次为宜。

4. 投喂时间

第一次投喂时间应从早上 8：30 开始，最后一次应在 16：00 结束。每次投喂时间应持续 20~30min 为宜。如果早晨发现鱼类浮头，则一定要待浮头平息后才能投喂。如水温过高，下午投喂时间可适当推迟；如遇雷阵雨或者天气闷热气压低，则应推迟、减少或者停止投饲。

定时投喂可以养成鱼类定时集群摄食的习惯，这样可以缩短吃食时间，减少饲料的流失。再则，因为鱼类的摄食强度和消化吸收与水温、溶氧等密切相关，所以要求鱼类从摄食到消化吸收这段时间都处在一天中水温最高且溶氧充足时进行。

5. 投饲场所

遵循"四定"投饲原则，应该选择好投饲场所。对于池塘养鱼来说，食场应该选择向阳、滩脚坚实、最好有螺蛳壳的地方，以利于鱼类摄食。如在塘泥较多的地方投喂，当饲料落入塘底，由于鱼争食时搅动池水，饲料会很快混入池泥中，而造成浪费。根据养殖的实际情况，也可搭设各种食台（架），做到定位投饲是十分重要的。

（二）饲料投喂的操作

1. 投饵方法

投饵方法可归纳为定量、定质、定时、定位的"四定"投饵方法，和看天气、看水色、看鱼吃食及活动情况的"三看"投饵方法。前者主要讲投饵的具体要求与方法，后者讲如何按具体情况决定投饵的次数与数量。两者都是投饵的技术措施。

（1）"四定"投饵。

①定质。定质指所用饲料的质量应营养全面，各营养成分的配比比较恰当，新鲜、未变质，池鱼喜食且适口。如草类应无根、无泥；贝类需洁净、无杂质及死亡个体，如不适口（鱼吃不下时），需轧碎投喂；颗粒饲料的粒径适宜，稳定性适合，营养全面。

②定量。定量指按鱼的需要量均匀投喂，以免因不足而影响池鱼生长，过量则增大饵料系数，甚至引起鱼病。

③定时。定时指规定投喂时间，每天喂饲 1~2 次。上午9：00左右投饲，让鱼在池水含氧量增高后摄食。高溶氧状况下，利于池鱼消化吸收，可提高饲料的利用率。如混养有喜夜行性活动的种类，如蟹、鳖等，则重点投喂的时间为傍晚 16：00—17：00。天气凉爽时，投喂螺、蚬等活饵料，可隔天或隔两天投喂一次。

④定位。定位指在固定的食场投喂。饲料多投放在特设的食台上。食台可用木盆或鱼用食台。面积为 1m² 左右，每50~100m² 水面设一个食台。食台固定在离池埂不远处，最好离水面 30~40cm。这样既利于检查鱼的摄食情况又利于食场消毒，防治鱼病。投精料的食场，其底部的淤泥应少些，以免饲料浪费；投放螺、蚬的场所，应稍开阔，避免鱼粪堆积而引起鱼类死亡；投浮性饲料，需用饲料浮框，以免饲料沉入水底，饲料浮框可用毛竹搭成三角架或正四方形架，一般一个池塘一个浮框；投喂沉性饲料的饲料台用芦席、薄松木板或塑料包装布制成，一般每 5 000 尾左右的鱼种搭 2m² 的食台一个；投草料时，如投喂的数量不多则以固定的草场并设置草料框架为好；若投喂的数量多，鱼池的面积又不太大时，可不设草架。

（2）"三看"投饲。即看天、看水、看鱼活动情况来决定投饲。开食后，要精心地对养殖鱼类的摄食行为进行训练，细心地观察鱼类的摄食状态，看天（天气）、看水（水质）、看鱼（看鱼的生长和摄食）来调整日投饲量。在一般情况下，养殖鱼类经过一段时间（约1周）的摄食训练，很容易形成摄食条件反射，诱集食物集中摄食。应用配合颗粒饲料在池塘养鱼中可清楚地看到鱼类的摄食状态，如草鱼和鲤鱼的摄食，当一把一把地将饲料撒入水中时，鱼会很快集拢过来，集中水面抢食，使水花翻动，而后分散到水下摄食，隐约在水面出现水纹；当鱼饱食后分散游去，直到平息。控制投饲量达到"八分饱"为宜，保持鱼有旺盛的食欲，可以提高饲料效率。

配合饲料养鱼的投饲方式有人工手撒投饲和机械投饲两种方式。

人工手撒投饲即利用人工将饲料一把一把地撒入水中，可以清楚看到鱼的实际摄食状况，对每个池塘灵活掌握投喂量，做到精心投喂，有利于提高饲料效率，但是费工、费时。对于中、小型渔场，劳力充足或者养殖名、特、优水产品，此种投饲方式值得提倡。

机械投饲即利用自动投饲机投饲，这种方式可以定时、定量、定位，同时也具有省时、省工等优点。

2. 饲料投喂技术

（1）投喂饲料要掌握的要点。每日投饲量的确定。每日的实际投饲量主要根据当地的水温、水色、天气和鱼类吃食物情况而定。

①水温。水温在10℃以上即可开食，每次每亩投喂2~3kg易消化的精饲料；15℃以上可开始投嫩草、粉碎的贝类，精饲料的投喂量占鱼体重的0.6%~0.8%，水温20℃以上，投喂精饲料占鱼体重的1%~2%；25℃以上，精饲料投喂量占鱼体重的2.5%~3.0%；水温30℃以上，精饲料投喂量占鱼体重的3%~5%。在鱼病季节和梅雨天气应控制投饲量。

②水色。池塘水色以黄褐色或油绿色为好，可正常投饲。如水色过浓转黑，表示水质要变坏，应减少投饲量并及时加注新水。

③天气。天气晴朗，池水溶氧条件好，应多投，而阴雨天溶氧条件差，则少投。天气闷热，无风欲下雷阵雨应停止投饲。天气变化大，鱼食欲减退，应减少投喂数量。

④鱼类吃食情况。每天早晚巡塘时检查食场，了解鱼类吃食情况。如投饲后很快吃完，应适当增加投饲量；如投饲后长时间未吃完，应减少投饲量。

（2）投喂形式应多样化。这是需根据不同养殖对象而采取的。

例如，颗粒饲料可采取定点撒，沉性饲料则投在食台上，青饲料和配合饲料投在框架内。如果用鱼作饲料，则可采取吊喂形式（特别是养鳖）。吊喂是牵一根长绳，绳两端固定在池子两岸上并将绳拉紧，然后每隔50~60cm系上一条鱼，每天检查一次，吃完了需及时补上。

（3）投喂数量的确定。投喂量多少与鱼类增重关系密切，但它们之间又受到如食欲、饲养管理、鱼的种类和规格、水温、水质及饲料质量等影响。总之，需综合诸多因素来确定投喂量。配合饲料投喂量的确定，首先应确定该饲料的饲料系数是多少，再乘以该养殖对象的增重数，便是全年总需的投饲数量。然后，再将投饲量按生长期内（4—10月）的月数，按月分配数额。一个月的数量确定以后，再将每个月的饲料分解至日。

（三）饲料投喂的注意事项

1. 投饲的注意事项

（1）投饲量。鱼类的投饲量，日投饲量控制在鱼吃食量的80%左右，即每次投喂时以鱼吃到八成饱为宜。

（2）食台的设置。每个池塘设食台1个，位于池塘向阳岸边中部，一般伸入池中3m左右，养鱼员在跳板上投喂。

（3）驯化方法。驯化一般在夏花长到5~6cm时进行。首先，在跳板上发出有节奏的响声（如敲水桶），然后边发信号边在食台周围大面积少量撒饲料，逐渐变小范围。每天驯化3~4次，每次40~60min一般坚持3d就能初步形成定时定位应声抢食的条件反射，6~7d后当敲桶并投喂时，鱼种即集群到投喂点抢食，此时表明驯化已经成功。

（4）驯化后的正常投喂采用"慢、快、慢"的方法，即刚投喂时速度慢一些，面积小一些；集群时，投喂快一些，投喂面积大一些，投饲多一些。当大部分鱼慢慢地散游离开投喂点，表明已吃到八成饱，此时即可停止投喂。一般每次投喂30min左右。

（5）饲料的规格。颗粒饲料的规格应根据鱼体大小，以适口为度，确定不同粒径的颗粒饲料。所谓适口的含义：一是颗粒大小适合鱼类口裂大小，颗粒直径如超过鱼类口裂的话，鱼就吞食不进去；二是饲料口味要适宜。

2. 食台设置的注意事项

（1）设置食台的位置应避风向阳，并且安静及靠近岸边，以便观察吃食情况。

（2）食台、食场应做成圆弧形，边与底之间不留死角，以便鱼类摄食。

（3）食台、食场处应设浮标，以便指出其确切位置，避免将饲料投到食台外边。

（4）在混养、密养的水域应根据放养种类和鱼体大小，在不同深度设置各种类型的食台。

（5）每天清除残饵，7~10d 洗刷一次食台，每半个月用漂白粉或生石灰消毒一次以保持水体不受污染。

（6）粉状饲料要先浸泡或调成团块后再投，草料要均匀撒在水面上，不要堆放在框架内，以免晒干。

第五节 调节水质的设备及其操作

水是鱼类生活、生长的环境，池塘水环境的优劣直接影响到鱼类的生长发育，从而关系到养殖产量和渔业经济效益。调节好池塘的水环境在水产养殖生产中显得尤为重要。所以，对于养殖人员来说，掌握及正确操作调节水质的相关调节设备的技术和方法也是非常重要的，下面将介绍调节水质的仪器和设备的相关知识。

一、温度计

温度也是鱼类生长环境的重要条件之一。温度不仅直接影响鱼类生长，而且还影响其他环境条件对鱼类产生的间接影响。鱼类的生存环境是水，一天中温度变化，水温也是变化的。无论是季节还是一天的变化，温度的变化是绝对的，所以对于水产养殖入门者来说，掌握测量温度的方法是非常必要的。在日常操作中，测量温度的工具主要有温度计和测温仪，这里主要介绍温度计的基本知识。

（一）温度计简介

1. 温度

（1）温度的概念。温度是表示物体冷热程度的物理量，用来对物体的冷热程度做精确、定量的描述。

（2）温度的单位。温度的单位一般可分为摄氏温度和热力学温度。常用的主要是摄氏温度。

（3）温标。温度的测量标准就是温标。温标分为摄氏温标和热力学温标。常用的主要是摄氏温标。

摄氏温标单位是摄氏度，用符号℃表示。规定在 1 个标准大气压下，以冰水混合物的温度作为 0℃，把水沸腾时的温度作为 100℃，在 0℃ 和 100℃ 之间等分 100 等份，每一等份称为 1 摄氏度。注意：摄氏温度不是温度的国际单位。

2. 温度计的种类

温度计可分为干湿球温度计、热电偶温度计、体温计、液晶显示温度计、摄氏温度计、水温计等多种，一般比较常见的温度计见表 5-7。

（1）实验用温度计。实验用温度计用于实验室测温度，玻璃管内装的是染成红色的煤油，其刻度范围一般是 -20 ~ 105℃，最小分度为 1℃。

（2）体温计。体温计用做测量体温，玻璃管里所装液体为水银，其刻度范围是 35 ~ 42℃，最小刻度是 0.1℃。

（3）寒暑表。寒暑表用来测量气温，玻璃管里装的是染成红色的酒精，其刻度范围是 -20 ~ 50℃，最小刻度是 1℃。

表 5-7 常见温度计

类型	功能	装置	刻度范围/℃	最小刻度/℃
实验用温度计	实验室测温度	玻璃管内装染成红色的煤油	−20~105	1
体温计	测量体温	玻璃管里装水银	35~42	0.1
寒暑表	测量气温	玻璃管里装染成红色的酒精	−20~50	1

3. 温度计的结构

用温度计测物体的温度就是要使温度计的温度变得与被测物体的温度相同。测温前要先估计待测物体的温度，选用适当的温度计，要认清温度计的零度线、量程、最小刻度值及单位。

温度计主要是由玻璃管、玻璃泡（内有水银、煤油或酒精等液体）、刻度三部分组成的。

（1）常用温度计。水银温度计为安装于金属半圆槽壳内的水银温度表，下端连接一金属储水杯，使温度表球部悬于杯中，温度表顶端的槽壳带一圆环，拴以一定长度的绳子。通常测量范围为−6~40℃，分度为0.2℃。

（2）体温计。它的玻璃泡容积更大，玻璃管内径更细，对于微小的体温变化能显示出较长的水银柱变化，因此，测量结果更精确。体温计盛水银的玻璃泡上方有一段做得非常细的缩口，测体温时水银膨胀能通过缩口升到上面玻璃管里，读体温计时体温计离开人体，水银变冷收缩，水银柱来不及退回玻璃泡，就在缩口处断开，仍指示原来的温度，所以体温计能离开人体读数，而普通温度计则不能离开被测物体读数。要使体温计中已经升上去的水银再回到玻璃泡里，可以拿着体温计用力向下甩。

4. 温度计的原理

常用温度计是利用液体热胀冷缩性质制成的。其他温度计的原理是利用物体的某些性质与温度变化之间的关系来显示温度的高低。

玻璃水银温度计是液体膨胀温度计的一种，它的测温物质是盛在上端带有一支均匀毛细管的玻璃球中的水银，温度的变化造成水银体积的变化，从而使毛细管中的水银液面上升或下降，通过毛细管外壁的刻度，就能直接读出被测物体的温度。

它是利用水银具有比较容易钝化、比热小、传热速度快、膨胀系数比较均匀、不易黏附在玻璃上且不透明等性质。

（二）温度计测量水温方法

1. 温度计测量水温方法

温度计测量水温方法。首先将水温计插入一定深度的水中，放置 5min 后读取温度值。当气温与水温相差较大时，尤应注意立即读数，避免受气温的影响。必要时，重复插入水中，再一次读数。

用温度计测液体温度的正确操作方法有以下几种。

（1）温度计的玻璃泡既要全部浸入被测液体中，又不要与容器相接触。

（2）温度计浸入被测液体后，要待其示数稳定后再读数。

（3）观察温度时，应保持温度计浸没在被测液体中。

（4）读数时，视线应与温度计内液面垂直，温度计内液柱顶端靠近哪条刻度线，就读哪条刻度线的值。

2. 温度计的使用规则

在使用温度计以前，应该注意以下几方面问题。

（1）观察温度计的量程。即能测量的温度范围，如果估计待测的温度超出温度计能测的温度范围，就要换用一只量程合适的温度计，否则温度计里的液体可能将温度计胀破或者测不出温度值。认清其最小刻度值，以便测量时可以迅速读出温度值。

（2）在用温度计测液体温度时，温度计的玻璃泡应全部浸入被测的液体中，不要碰到容器底或容器壁。温度计玻璃泡浸入被测液体后要稍候一会儿，待温度计的示数稳定后再读数。读数时玻璃泡要继续留在被测液体中，视线与温度计中液柱的上表面相平。

3. 温度计测量水温注意事项

（1）玻璃易破碎，因此，不能撞击、折拗以及骤冷骤热等。

（2）必须待温度计与被测物体间达到热平衡，水银柱液面不再移动后方可读数，达到热平衡所需要的时间与温度计水银球的直径、温度的高低以及被测物质的性质等有关，一般情况下温度计浸在被测物体中 $1\sim6min$ 才能达到热平衡。

（3）为了防止水银黏附在毛细管壁上，在读数前常常必须轻轻敲击温度计，这一点在使用精密温度计时尤其应该注意。

（4）读数时，水银柱液面、刻度和眼睛应保持在同一水平面上，以避免读数误差。

（5）当现场气温高于 $35℃$ 或低于 $-30℃$ 时，水温计在水中的停留时间要适当延长，以达到温度平衡。

（6）在冬季的东北地区读数应在 $3s$ 内完成，否则水温计表面易形成一层薄冰，影响读数的准确性。

（7）使用全浸式温度计测温时，应将温度计的水银部分全部浸没在被测体系中，否则必须进行校正。

（8）由于温度计制作上的问题或者温度计使用日久可能造成温度计玻璃球变形而使温度计读数与真实温度不符，此时温度计必须进行校正。

4. 温度计的校正

为了准确地测定温度，用玻璃管温度计测定物体温度时，如果指示液柱不是全部插入被测的物体中，会使测定值不准确，必要时需进行校正。温度计的校正方法主要有以下两种。

（1）零点校正。将温度计置于冰水混合体系中，待其达到热平衡后观察零点的刻度是否正确，找出修正值。

（2）定点校正。用标准温度计进行直接比较，经多点校正后，做出温度计的使用校正曲线，应用内插法就可找出温度计示值所对应的实际值。

二、增氧机

增氧机是池塘养鱼生产中常用的一种机械设备，它对于改善水体质量、解救鱼类浮头、提高鱼产量等都具有十分重要的作用。淡水鱼最适宜的生长水温为 20~28℃。温度升高，大气压力降低，溶氧量下降；同时，在这个温度区间，鱼的活动量较大，新陈代谢旺盛，耗氧率也较高；此外，在这个温度区间，池水中的粪便、淤泥等有机质分解速度很快，也需消耗大量的氧，若缺氧时便会因分解不完全而产生氨、氮、硫化氢等有害物质，直接危害鱼类。特别是夏季雷雨天，水温高，大气压力低，水的溶氧量下降。同时，有机质及鱼类的耗氧率皆升高，如无外界增氧措施，便极易造成"泛塘"死鱼。因此，池水中的含氧量是限制传统养鱼产量的主要因素。近年来，水体增氧机正得以快速地推广和应用，但在水产养殖生产中，一定要根据养殖水体的规模及水域的实际特点有针对性地选用，才能提高工作效率。

第六节 防治病害

在自然环境中，任何生物为了生存都必须与外界环境相接触、相适应，并在漫长的进化过程中，获得相对的抵抗恶劣环境或环境变化的能力。鱼类生活在水中，其生活环境就是水体；若环境发生了它们不能适应的变化，如水温、水质的变化，有毒物质的进入，致病生物的传染和侵袭等，就会在不同程度上破坏其正常的生活状态，使其生理机能出现障碍，引起鱼体在生理学或解剖学上的不正常变化，于是就发生了鱼病。据此可以认为，鱼类患病是由于机体内在因素和外界环境因素发生矛盾的结果。鱼病正是病因作用于鱼体，使机体正常活动被扰乱，代谢失调发生病理变化的一种生命活动现象。

一、池水消毒

水体之中，一旦发生鱼病很快就会相互传染、蔓延开来。而对病鱼的检查、隔离、投药等都要比家畜、家禽困难得多。鱼病发生以后，患病的鱼大多丧失食欲，而养鱼者也根本无法强迫它们服药饵，在疗效上也不可能达到理想的效果。其实在鱼病发生后再进行治疗，充其量也只能挽救尚未发病或病情较轻的鱼类免于死亡，对病情严重的鱼即使施药也往往难以见效。因此，要减少和防止鱼病发生，提高养鱼产量，必须以预防为主。在采取预防措施时要注意消灭传染来源，切断传染和侵袭途径，提高鱼体本身的抗病力，用综合预防的方法，以求达到预期的防病效果。

（一）池水防疫性消毒药物的种类

1. 水产疾病的预防措施

按照防病要求建造养殖场，在设计和建造养殖场（或建造、改造养鱼池）时应做到符合防病的要求，做好清塘消毒工作。

（1）选择在水源充足、清洁、不带病原体及有毒物质的地方，水的理化特性符合养鱼用水水源标准，并不受自然因素或者人为污染的影响，如无工厂废水流入。

（2）每个池塘必须有自己独立的进水口、排水口直接连通引水渠和排水沟，避免因某个池塘发生疾病通过水流将病原体带到另一个池塘中而相互传染。

（3）加强精养池塘水质管理。水质好坏直接影响着鱼类的健康与生长及饲料的利用率。因此，充分认识池塘水环境的特性并加强科学管理，围绕着增氧和降氨这一核心问题做好水质调节工作非常必要。主要措施如下。

①清除池塘底过多的淤泥。

②定期泼洒生石灰（pH 值偏低时）。

③高温季节晴天的中午开动增氧机，减少底层氧债，改善池水溶氧状况。

④水质过肥时用硫酸铜等药物适当杀死部分藻类，加注新水。

⑤在高温季节，高产池塘，定期施入底质改良剂，改善水质和底质。

⑥利用光合细菌改良水质。

2. 控制和消灭病原生物

任何鱼病的发生都是因为有一定的病原体存在，故鱼病预防必须从控制和消灭病原体着手。从生产实践中可知，鱼类疾病的来源是多方面的，应采取综合预防措施。

（1）建立严格的检疫制度。对从外地引进或引种外地的鱼苗、鱼种必须进行检疫，确认无病后方能引进，以防止地区性鱼病的扩散。

（2）每年在鱼苗、鱼种放养前要进行彻底消毒、清塘，消灭池塘中的病原生物。

（3）在鱼种放养前，对其进行药物浸浴消毒，以切断病原体随鱼种进入池塘的途径。

（4）投喂的饵料必须是清洁、新鲜的，除新鲜的配合饲料外，其他饲料应预先消毒再投喂，以免病原体随饲料带入。

（5）养鱼场用的工具往往容易传播疾病，消毒后方能使用，且应注意将发病池用的工具与其他池用的工具分开使用，避免交叉感染。

（6）食台（食物）的残饵应及时清理，并对食台（食物）进行药物消毒，以杀灭滋生的病原体。

（7）鱼病易发季节，定期泼洒药物全池消毒和定期投喂药饵，控制病原体滋生，以达到防病目的。

（8）许多引起鱼类寄生虫病的寄生虫有中间宿主，通过杀灭中间宿主的方法亦可以控制寄生虫的发生。

3. 预防药物的种类

用于体表鱼病的预防，对体表鱼病可用下列药物进行预防。

（1）敌百虫。敌百虫按每亩水面每33cm水深用90%晶体敌百虫50~100g或2.5%敌百虫粉剂250~500g加水溶化后进行全池泼洒，对指环虫、三代虫、中华鱼蚤、水蜈蚣以及锚头蚤的幼虫有杀灭效果。若每亩水面每33cm水深再加硫酸亚铁50g，对草鱼、鲢鱼的中华鱼蚤病可提高预防效果。

（2）生石灰。生石灰按每亩水面每33cm水深用生石灰3.5~5.0kg，加水化开后进行全池泼洒，对黏细菌烂鳃病、白头白嘴病、裸甲藻病等有预防和治疗的作用，且可改善水质。

（3）漂白粉。每半个月至一个月按每亩水面每33cm水深用漂白粉0.25kg，加水溶化后进行全池泼洒，对预防细菌性疾病效果较好。

（4）硫酸铜与硫酸亚铁合剂。每月用0.7mg/L的硫酸铜和硫酸亚铁合剂（两者的比例为5∶2）进行全池泼洒，可预防寄生虫性鱼病和车轮虫病、鳃隐鞭虫病、口丝虫病、斜管虫病和中华鱼蚤病等。

以上药物在使用时必须充分溶解，泼洒务必均匀，残渣要妥善处理。

浸浴法是治疗鱼病的常用方法之一，就是将病鱼放在按特定比例配制的药液中浸浴一下，以达到治疗目的的一种方法，它适用于个别鱼或小批量鱼患病。

（二）防疫性消毒药物的使用方法

1. 池水消毒前的注意事项

（1）了解鱼对水质、水温的要求，使水温、水质符合饲养鱼的要求。放养密度适当，勤排污、换水和清洗滤棉，换水时，新、老水的温差不要超过5℃。昼夜温差大时，要采取必要的措施防止水温过分升降。

（2）保证饲料质量，要按照鱼的食性投饲，饲料要新鲜、清洁、适口，发霉变质的饲料不能喂鱼。投喂要定时定量，不要随意多投、少投，还要根据季节、气候等情况，调整投饲量。

（3）换水、捞鱼时要细心操作，避免鱼体受伤。采用较大的捞网，捞网离水后即用手遮盖，防止鱼跳出。换水时避免水流冲击鱼体。

（4）在易发病的季节，容器、工具要经常消毒，用药后用清水洗净，消除残留药性。或在容器中滴些亚甲基蓝液，使水呈浅蓝色，以达到消毒的目的。新购进的鱼与原饲养的鱼混养前应先进行鱼体消毒，常用的消毒药液有3%食盐水或10mg/L高锰酸钾溶液，将鱼药浴5～10min。药浴过程中如见鱼急游反常，应立即捞回原水中。

2. 药物预防措施

药物的预防措施包括做好池水的免疫消毒和控制、杀灭病原体。

池水的免疫消毒一要根据池塘条件和技术水平，制订合理的放养密度；二要根据天气、水质和鱼的生长活动情况，定时定量投喂，保证鱼吃饱吃好；三要选择配方科学、营养均衡的优质全价颗粒饲料投喂，避免鱼体发生营养性疾病；四要加强日常管理及细心操作，要勤巡塘，发现问题及时解决，做好池塘日记；五要选择抗病力强的优良品种饲养。

控制和杀灭病原体一要苗种检疫，对购进苗种要检疫；二要清塘，对池塘要彻底清整消毒；三要鱼体消毒，春花入池时用药液浸泡鱼体，可有效杀灭鱼体表和鳃上的寄生虫及细菌；四要粪肥消毒，有机肥应消毒后再施，消毒可用生石灰、漂白粉、鱼康等药物；五要高温季节定期预防，高温季节是鱼病发生的多发季节，所以在高温季节为了进行预防和杀灭病原体，还有以下两种方法：

第一，高温季节采取料台挂袋或定期泼洒杀菌药可有效预防细菌性鱼病。采用此方法应注意以下问题：一是食场周围的药物浓度应达到有效治疗浓度，又不能影响鱼类摄食；二是食场周围药物的浓度应保持 1h 以上；三是必须连续挂袋或泼药3~5d。

第二，高温季节是鱼生长旺季，定期投喂杀菌药饵可有效地预防各种细菌性鱼病，药饵量计算应把吃食鱼重全部计算入内，投药饵量可比平时减少 10%~20%，一般连续喂 3d。能使鱼类发病的原因很多，归根到底，是环境与鱼类两者之间相互作用的结果。也就是说，当外界环境的作用超过了鱼体内在因素的适应能力时，鱼类就会发生各种不同的疾病。也只有了解鱼病发生的原因才有可能制订各种防治措施。

3. 常见消毒药物的使用方法

鱼病的发生都有一定的季节性。许多鱼病常在 4—10 月发生，其中 4—6 月和 8—10 月是一年中两个主要流行季节。在鱼病流行季节前有针对性地及时进行药物预防，是补充平时预防不足的一种有效措施，可防病于未然，达到事半功倍之效。发病季节前的药物预防有以下几种。

（1）鱼体消毒。将鱼放在较高浓度的药液中，经过短时间的浸洗，杀灭鱼体上的病原体。

（2）饵料消毒。病原体往往能从饵料中带入。因此，投放饵料必须新鲜、清洁，最好能经过消毒。商品饵料质量要好，发霉变质的不能投喂。

（3）食场消毒。在鱼病流行季节，每隔 1~2 周，在鱼吃食后，用漂白粉消毒一次，其用量为 0.25kg，将漂白粉溶化在12.5~15kg的水中，泼洒在食场周围的水面上，每天一次，连续 3d。食场消毒还可用漂白粉挂篓及硫酸铜挂袋，一般悬挂3~6个，每篓装漂白粉 0.1kg，硫酸铜和硫酸亚铁合剂用细密的布袋盛装，每袋装硫酸铜 0.1kg，硫酸亚铁 40g，一般连挂3d，每天换药 1 次。

（4）工具消毒。一般大型网具每次用完洗净后，可在阳光下晒干后再用；小型工具如鱼筛、抄网等，可放在 10%硫酸铜溶液中浸洗 5min；木制工具可用 5%漂白粉溶液洗刷或用生石灰水浸泡洗净后再用。

（5）在鱼病流行季节前，定期用药物全池泼洒，是一种常用的有效防病方法。

（6）投喂药饵，有些鱼病需通过投喂药饵来预防，用药的种类、数量及次数与治疗相同。

二、养殖常用药饵

（一）常用药饵的种类

1. 鱼类致病的外界因素

能使鱼类致病的外界因素很多，可概括为生物因素、理化因素、人为因素3个方面，前两者是主要的，而后者往往又有促进前两者的作用。因此，在生产实践中，常综合交错，很难严格区分。

（1）生物因素。鱼病大多是由各种病原生物感染或侵袭而引起的。因致病方式的不同，这些能引起鱼病的生物，分别称为鱼类的病虫害。目前，已知的鱼类病虫害已有200多种，它们有的在各养鱼地区经常出现，有的则具有区域性或只在特定条件下发病。因而生物因素——病原生物的存在，是鱼类致病的最重要的环境因素之一。

致病生物一般可分为三大类。

①传染类生物。当病毒、细菌、真菌等感染鱼体后，即可引起各种传染性疾病，通称微生物病。这类疾病的特点是发病快、来势猛、死亡率高，是鱼类的主要疾病。如草鱼出血病，草鱼、青鱼的烂鳃病、肠炎病；鳙、鳊的细菌性败血症，以及各种类型的鳃霉病、肤霉病等。

②侵袭类生物。当原生动物、吸虫、绦虫、线虫、棘头虫、甲壳类等动物性病原体侵袭鱼体后，即可引起各种侵袭性疾病，习惯称寄生虫病。如可侵袭多种鱼类，尤其是幼鱼的车轮虫病、小瓜虫病、指环虫病，侵袭草鱼的绦虫病，侵袭草鱼的中华鱼蚤病和锚头

鳋病等，都是常见的寄生虫病。

③敌害类生物。凶猛鱼类、吃鱼的鸟、水蛇、水老鼠等可直接吞食养殖鱼类及其幼鱼。水生昆虫及其幼虫，均可伤害幼鱼；甚至青泥苔、水网藻等亦可困死幼鱼，这些都是养殖鱼类的敌害，同时它们又是多种致病生物的携带者，不可等闲视之。

（2）理化因素。鱼类是变温动物，因而水体的各种理化因素对鱼类的生活、生长、繁殖具有特殊的作用。影响最大的是水温、溶解氧、酸碱度以及水中的化学成分、有毒物质及其含量的变化等。

①水温。不同种类的鱼及其不同的发育阶段，对水温有不同的要求。在适温范围内，水温变化的影响主要表现在鱼类呼吸频率和新陈代谢的改变上。水温升高，鱼类呼吸频率增快，代谢作用增强，耗氧量增大，若辅以充足的饵料，鱼类会加快生长；水温下降则相反。即使在适温范围内，如遇寒潮、暴雨、换水、转池等使水温发生巨大变化时，也会给鱼类带来不良影响，轻则发病，重则死亡。水温突变对幼鱼的影响更大，如初孵出的鱼苗只能适应±2℃以内的温差，6cm左右的小鱼种能适应±5℃以内的温差，超过这个范围就会发病或死亡。

②溶解氧。水中的溶解氧是鱼类生存所必需的。一般情况下，溶解氧需在4mg/L以上，鱼类才能正常生长。实践表明，溶解氧含量高，鱼类对饵料的利用率亦高；溶解氧低于2mg/L时，一般养殖鱼会因缺氧而浮头，长期浮头的鱼生长不良，还会引起下颚的畸变；若溶解氧低于1mg/L时，就会严重浮头，以致窒息死亡，即俗称的"泛塘"。但溶解氧亦不宜过高，当达到过饱和时，就会产生游离氧，形成气泡上升，会引起鱼苗、鱼种的气泡病。

③酸碱度。大多数鱼类对水的酸碱度有较强的适应能力，但以pH值为7~8.5最适宜。偏酸的水一般不利于养鱼。一些酸性土坡的山区养鱼池水的pH值常在5~6.5，养殖鱼生长缓慢，体质瘦弱，极易发病，尤其易患打粉病。

④水中化学成分和有毒物质。正常情况下，水中化学成分主要来自土壤和径流，如 Na，K，Cs，Fe，Mg，Al 等常见元素以及一些阴离子，是生物体生活、生长的必需成分。而 Hg，Zn，Cr 等元素，当其为微量时，能促进生物体的生长和发育，若含量超过一定限度，就会毒害鱼类。至于一些有机农药和厂矿废水中往往含有较大量的有毒物质，一旦进入水体，会使渔业受到巨大损失。

（3）人为因素。在渔业生产中，由于管理和技术上的种种原因而诱发的鱼病，统称为人为因素致病，主要表现为：

①削弱鱼类的体质，降低抗病力。

a. 放养密度不恰当。在池塘里，每尾鱼均占有并利用一定空间的水体，若放养密度过大，容易引起缺氧和缺饵，既恶化了生态环境，又加剧了生存竞争，其结果是鱼体生长差异大，部分鱼体瘦弱，抗病力下降，一旦病原体进入，就会发病以致死亡。

b. 混养比例不合理。鱼类混养的目的在于合理利用水体和饵料，如果比例失当，则由于食物链的关系，出现争食现象。

c. 饲养工作不正常。饲养管理水平的差异，不仅影响鱼的产量，而且与鱼病密切相关。投饵不匀，时投时停、时多时少，使鱼饥饱失常，不仅会使鱼群体质下降，而且极易诱发草鱼的肠炎。

d. 技术操作不细致。在拉网捕鱼、分池并塘及苗种运输过程中往往因操作不慎、动作粗糙，给鱼体造成不同程度的创伤，如鳍条断裂、鳞片脱落、皮肤擦伤等，如未及时处理，这些创伤就给病原体的入侵敞开了门户，极易引起继发性感染。

②有毒物质的进入，促使环境恶化。

a. 有毒废水的排入。许多厂矿在其生产过程中，常有大量废水排出，其中往往含有大量的有毒物质，如未经净化处理，直接排入渔业水域，必然会使鱼类中毒。如硫化物、砷化物、酚类、有机农药、石油、强酸类、强碱类、重金属盐类等，均可使环境恶化，轻则污染水质，诱发鱼病，重则使鱼肉变味，以致不堪食用甚至造成大量死亡。

b. 水质底质的恶化。池塘经长期养鱼，池底淤泥过多如不清理，有机物耗氧量将增大，高温季节极易因缺氧而泛塘。淤泥中的营养物质不仅是细菌的培养基，而且是寄生虫及虫卵的避难所。草料、食物残渣等有机物在缺氧条件下，会产生大量的有机酸、氮和硫化氢等，使水质酸化，抑制了鱼类生长，削弱其抗病能力，使其易患鱼病。

③管理不善病原体得以传播。

a. 使用污染的饵、肥。一些单位直接施用变质、腐败的饵料和未经充分发酵的草食性动物粪便，将所携带的大量微生物直接投入池塘，使病原体得以传播。

b. 病鱼尸体随意丢弃。一些发病将死或已死的鱼未及时捞出，或虽已捞出而未经深埋，随意丢弃，使其所携带的病原体得以传播。

c. 排、注水处理不当。引用已被病原体污染的水源将发病池塘的池水任意排放，不做处理，以致扩大污染，甚至污染水源，使病原体传播蔓延。

2. 鱼类致病的内在因素

鱼类在一定环境条件和致病生物影响下，是否发病与鱼群本身的易感性和抗病力有密切关系，易感鱼群和体弱鱼的存在是疾病发生的必要条件，实质上是缺乏免疫力所致。

（1）种群因素。各种生物对某些疾病，特别是微生物病常有"种"的不感受性，称非特异性免疫。这种免疫能力与生物的进化有关，其作用是较为广泛的，鱼类亦不例外。如鲢、鳙不感染或极少感染细菌性肠炎，也不会发生草鱼出血病；同样草鱼很少感染多态锚头蚤。

（2）个体因素。同一种群中，不同个体对疾病有不同的感受性，这种能力与个体的健康状况，亦可能与其遗传因子有关，通称特异性免疫。包括种属免疫、先天获得被动免疫、病后免疫和人工接种免疫等。在同一池塘中的同种、同龄鱼中，通常健康鱼不易患病，体弱鱼易患病。

（3）年龄因素。某些疾病的发生和消亡与鱼的年龄有关，或仅仅在某个年龄段才患某种疾病。如白头白嘴病通常只在6cm以下的幼鱼中发病，九江头槽绦虫仅使10cm以下的草鱼发病，当年鲤鱼不发生痘疮病等。

3. 常用鱼药的种类

目前，市场上养鱼常用药物的种类很多。由于鱼药生产还不规范，各厂家的产品有些并未标注有效成分，还有些同类药的商品名称与对应的化学名称并未统一。这不利于了解药物的有效成分，给科学合理用药也造成了一定困难。

（1）目前在养鱼生产上，普遍使用的鱼药根据药物成分大概有以下几类。

①消毒剂、杀菌剂主要外用。

②营养剂和代谢改善剂。维生素、矿物质、利胆强肝、造血，全部是内服。

③环境改良剂。改良水质和底质。

④中药、草药。

（2）在养殖生产过程中，通常又根据鱼类的用药方式把鱼药分为外用和内服两种。

①外用药。在鱼类的外用药中，一般用外用杀虫药。外用杀虫药可以驱杀甲壳类吸虫、蠕虫引起的鱼病药物多为有机磷等农药，一般具有较大的毒性，而且污染水环境，因此，应该尽量降低其使用浓度，减少使用次数。商品鱼上市前两周内应禁止使用。抗原虫药一般为重金属和染料类药物，如硫酸铜等，对鱼的毒性和对水体的影响也很大，因此需慎用。

a. 敌百虫。敌百虫为有机磷药物，是一种低毒的神经毒性药物，外泼可治疗寄生于鱼体表和鳃上的甲壳类动物、吸虫等，并能杀灭水体中的浮游动物和水生昆虫；可用于越冬前杀灭耗氧生物。常用90%的敌百虫原粉，用量为 $0.5 \sim 1$ mg/L；与硫酸亚铁合用可增效，减少其使用量。不同鱼类对敌百虫的耐受力不一样，家鱼较强，鲢、鳟较弱，鳜、加州鲈等不能用。经常使用易产生抗药性。

b. 强效灭虫精。强效灭虫精及杀毙王、B 型灭虫精、杀虫净等商品鱼药，均为有机磷或菊酯类药物的单一或复配制剂，可杀灭鱼体外和水中的寄生虫，毒性较大，常用易产生抗药性，应采用不同的药物交替使用。

c. 硫酸铜。硫酸铜主要用于防治原虫引起的鱼病（如车轮虫、鳃隐鞭虫、斜管虫、杯体虫等），还有灭藻、净水作用，是一种高效、廉价的药物。其缺点是药效与水温、水质关系大，而且其有效浓度与有害浓度差距较小，即安全范围较小。因此，其使用浓度不易掌握。其药效与水温成正比，与有机物含量、溶氧、盐度、pH 值成反比。池塘泼洒常用量为 0.7mg/L 或 0.5mg/L 加硫酸亚铁 0.2mg/L。一般肥水塘多用些，高温季节少用些，掌握不准可先少用，第二天再追加半量。

②内服药。内服药中通常分为内服杀菌药和内服杀虫药。内服杀菌药分为原料药类、商品药类和中草药类等几种。

a. 原料药类。原料药类价格较高，用量较少，常用的主要为一些杀菌类药物。原料药品的单价较高，用量较少，一般使用时先用载体稀释，再与粗原料混合，制成颗粒饲料或糊状饲料药饵使用。可用单一制剂或几种药物互配，也可与中草药复配使用，疗效好、副作用小，但长期使用易产生抗药性，不同药物应交替使用。

b. 商品药类。商品药类多为一种或几种原料药与载体、增效剂等的复配剂。商品内服药常用的有败血宁、克瘟灵、肠鳃灵、出血散等，用于治疗吃食性鱼类的出血病、肠炎病、竖鳞病、腹水病、腐皮病等多种细菌性鱼病。

c. 中草药类。中草药类有牛黄、大黄、黄芩、黄连、连翘、大蒜素、大青叶、穿心莲等。中草药有药效长、标本兼治之功效，使用中草药时要精心组方，注意其颉颃作用与协同作用。中草药也可与西药原料药合理配合使用，疗效更好。

（二）常用药饲的投喂操作

1. 施用药物的前提

（1）把握好清塘后药物残毒的安全期。用药物清塘时，首先，加快清塘药物的分解，可用木耙将池底翻动 1~2 遍，使清塘药物如生石灰、漂白粉或清塘净等快速分解；其次，注水后放鱼前，应取池水放鱼试养 2~3d，待安全后方可放鱼。

（2）掌握正确的用药方法。药物应充分溶解后，再泼入池中，并且要均匀，否则全池的用量泼在一部分水体中，势必造成局部药物浓度过高，从而产生药害。没有完全溶解的药物残渣不得泼入池中，以免被鱼误食。

（3）选好施药时间。用药应在晴天 8：00—10：00 或 15：00—17：00，要在喂鱼后而不应在喂鱼前泼洒。切忌在池塘缺氧甚至浮头时泼药。

（4）准确把握用药根据水质、水温及药物的理化性质。掌握正确的用药量，最好在技术人员指导下用药。认真阅读药物使用说明书，切不可盲目加大用量。使用硫酸铜或铜铁合剂时，一定要根据水温、水质肥度情况灵活掌握。水清、水温高时，用药量要少；水温低、水质肥时，用药量要加大，这样才能做到药到病除，又不至于产生药害。因用药不当产生药害时最好的补救措施是立即加注新水，使鱼聚集在新水区域缓解中毒症状逐步恢复。

2. 投喂药饲的原则

在鱼病防治中，正确的施药方法是非常重要的，它直接影响到药效的发挥。根据鱼病的特点和药物的特性分别选择全池泼洒、拌饵内服、悬挂、药浴等方法进行施药。

（1）全池泼洒药物。

①药物的溶解。溶解药物的容器最好是陶器或木器，不要用金属容器溶解药物，防止药物与金属容器发生化学反应而失去药性或产生毒害物质。容器中先放水后放药，药物要充分溶解，有药渣时

要用 60 目纱布过滤，避免鱼误食中毒。如硫酸铜溶解不充分，鲤鱼吞食硫酸铜量达到 400mg/kg，3d 后全部死亡。用药前应先投饵后洒药，禁止边洒药边喂食。

②注意药物的极限浓度。如鳜鱼对敌百虫、氯化铜等较敏感，0.7mg/kg 以上（pH 值小于 7）氯化铜也能造成鳜鱼中毒死亡。乌鳢对硫酸亚铁十分敏感。在乌鳢的人工养殖过程中防治鱼病要慎用或不用硫酸亚铁为宜。加州鲈对敌百虫较为敏感，一定要慎用。据试验，杀灭蚤幼虫用晶体敌百虫全池泼洒要控制在 0.3mg/kg 以下才安全。河蟹对晶体敌百虫、硫酸铜较为敏感，全池泼洒敌百虫应控制在 0.3mg/kg 以下，硫酸铜在 0.7mg/kg 以下较安全。

③泼药时间。一般在晴天 11：00 前或 15：00 后进行，夏季高温时泼药应避开中午，否则会造成鱼中毒。药量要根据水温、水质、池底质、病鱼的情况做调整，药物泼洒应从上风处向下风处顺风泼洒，目的是使池塘中药的浓度均匀和防止施药者意外中毒。清晨鱼浮头或浮头刚结束时不要用药物（增氧剂除外），阴雨或雷雨天不泼洒药物。

（2）内服药物。

①药饵在水中的稳定性要好。如稳定性不好，药饵入水后会很快散开，病鱼就吃不到足够的药量。

②投喂药饵的量要计算准确。按鱼体重计算用药量，将鱼药添加在饲料中，药饵的量宁少勿多。一般鱼在投喂后 30~40min 内吃完，如 1h 还未吃完，则说明投饵量过多，造成药饵浪费，使病鱼吃不到足够的药量，而且还影响下一顿的吃食。

③为了使鱼体中药物保持有效浓度，药饵应每天投喂 2~4 次。

④内服药饵必须按要求连续投喂一个疗程（一般 3~5d 或 7d）或待鱼停止死亡后，再继续投喂 1~2d，不要过早停药。过早停药，鱼体内的病原体容易复发。

3. 用药方法

池塘施药应根据鱼病的病种、病情、养殖品种、饲养方式、施药目的（是治疗还是预防鱼病）来选择不同的用药方法。主要用药方法有以下几种。

（1）全池泼洒法。泼洒法也叫做遍洒法，是用药物防治鱼病时最常用的一种方法。在池塘中遍洒，达到一定的浓度，以杀灭鱼体的体表和鳃部以及水体中的病原体，从而使病情痊愈或好转。它是将整个池塘的水体作为施药对象，在正确计算水量的前提下，选择适宜的施药浓度来计算用药量，然后把称量好的药品用水稀释，均匀泼洒到整个池塘的水体，以治疗鱼病。此方法消毒水体比较全面、彻底，缺点是成本较高。所以，多应用于高产精养池塘，低产池一般在发生严重鱼病时才使用此方法，而且多使用较廉价的药物。此方法是池塘防治鱼病的最常用方法。

（2）挂袋法。在投饵台前2~5m呈半圆形区域悬挂药袋4~6个，内装药量以一天之内溶解，不影响鱼前来吃食为原则，可用粗布缝制药袋或直接将小塑料袋包装的药品扎上小眼悬挂使用。此法适用于驯化投喂池塘，防治吃食性鱼类的鱼病，但鱼病后期吃食不好时不宜使用。其优点是节省用药成本，操作方便，对水体的污染小。

（3）浸洗法。在一个容器内（一般用大塑料盆或搪瓷浴盆）配制较高浓度的药液，然后将鱼放入容器内浸洗一定时间后捞出，能杀灭鱼体表和鳃上的病原体。其浸洗时间视鱼类品种、药物种类、浓度、温度灵活掌握。此方法的优点是作用强，疗效高，节省用药量。缺点是不能随时进行，一般在鱼种分池、转塘时使用。

①根据病鱼数量来决定使用的容器大小，放2/3的新水，然后按各种药品剂量和所需药液浓度，并根据鱼体大小、水温配好药品溶液后把病鱼浸入药品溶液中治疗。

②浴洗时间要根据鱼体大小、水温、药液浓度和鱼的健康状况而定。一般鱼体大、水温低、药液浓度低和健康状态尚可，则浴洗时间可长些。反之，浴洗时间应短些。

（4）口服法。口服法是驯化养鱼常用的用药方法之一。使用时将药物按饲料的一定比例加入粉料中混合制成颗粒药饵投喂，用于治疗鱼类的内脏病、出血病、竖鳞病等。其优点是疗效较彻底，药物浪费少，节省成本。缺点是对病情较重、吃食不好的鱼没有作用。该方法是目前经常使用的技术手段。

（5）注射法。注射法多用于亲鱼的催产和消炎，一般采用胸腔、腹腔、背部肌肉注射。

（6）涂抹法。涂抹法用于亲鱼的创口消炎，常使用紫药水或碘酊。

（7）浸沤法。浸沤法一般适用于鱼病预防，简单易行，成本低。方法是在池塘的上风处将药物（主要是中药、草药或药用树枝叶）成堆或分成数小堆在池水中浸沤，以此来杀灭鱼体外表及池水中的病原体。此方法的缺点是不能彻底杀灭病原体。

4. 施用药物注意事项

（1）水温在 30℃ 以上时，不宜采用全池遍洒法施药。

（2）施药时要避开阳光直射的午间，宜在傍晚进行。

（3）鱼还在浮头或浮头刚结束时不宜施药。

（4）应先喂饲料后施药，不能颠倒顺序。

（5）药物应完全溶解后再泼洒，并从上风处泼向下风处，以增大均匀度。

（6）用硫酸铜杀灭湖靛时，只能在下风处集中洒药，不宜全池泼洒。洒药时间宜安排在下午进行，否则极易引起池塘死鱼。

（7）几种药混合施用时要严格按操作规程进行，如漂白粉、硫酸铜、敌百虫都不能与生石灰同时使用，因为前两者遇生石灰会起中和反应而失效或减弱疗效，敌百虫遇生石灰会变成敌敌畏，毒性增高 10 倍。又如大黄与氨水合用，药效可提高 14 倍。生产上要根据药物的不同特性，合理选配，避免产生副作用。

（8）饲养鱼的发病率未超过 5% 时，一般不要采用药物全池泼洒的方法防治鱼病，可采用食场药物挂袋法和在食场附近水域局部洒药来防治。饲养鱼的发病率高达 10%，不得不采用药物全池泼洒防治时，一定要准确测量水体，施药浓度按常量的下限或减量使用较为安全。用药后 24h 之内要有人看守，发现异常现象立即大量冲水抢救。

5. 投喂药饵方法

（1）对症下药。在防治鱼病时，首先要诊断正确，确定鱼病，再要了解将要用的鱼药的理化性质，看其是否有其他毒副作用，并在使用前看清说明书，根据不同的鱼病，选用不同的药物，达到对症治疗效果。

（2）拌料。拌药的饵料需要用患病鱼类喜欢吃的食物，做成浮状或沉状药饵。草食性鱼类可用苏丹草、鹅草或鲜嫩的野草拌药。鲤、鲫、青鱼用豆饼、菜饼拌药。鲢、鳙鱼用麸皮拌药。有条件均可用配合饲料拌药或制成各种规格的颗粒药饵。

体内鱼病的药物预防通常用药和饲料制成药饵，采用口服法以预防体内鱼病。如用磺胺胍预防肠炎病，按草鱼和青鱼的不同习性，制成浮性和沉性两种药饵。浮性药饵配制是以药物加米糠或榆树粉、红薯粉、面粉制成面条状的药条晒干后即可使用。要求药条能在水上漂浮 1~2h，让草鱼等来吞食，沉性药饵则以菜饼、豆饼粉代替米糠或榆树粉等。制成的药饵不具浮性而沉入水中，可供青鱼等底层鱼类吞食。

（3）准确药量。防治鱼病时，先必须准确计算出池水体积和正确估算池鱼重量，再准确算出草鱼、青鱼重量，还要将可能吃食物药饵的鲤、鲫、鳊、鲂等鱼的重量估算进来，以保证用药量准确。一般投药饵量比普通饵料要少 20%~30%，绝不能任意提高药量和施药浓度，以免鱼类中毒。

（4）看天投药。夏季高温的中午，药物反应加速，如漂白粉等强氧化剂可迅速达到较高浓度，稍有不慎，易造成鱼类死亡。还有一些药物，在强光照射下易分解，使药效降低。因此，鱼池用药需要在阴凉天气或晴天清晨及傍晚进行。

（5）投药。药饵投喂前要定点投喂，适当减少投喂点个数。

投喂鱼药前一般要停食 1d 以预防鱼病，治疗鱼病应先停食 2d 再喂药饵，使鱼产生饥饿感，促其吃药饵。投药前，先投一些常规饲料，使无病鱼先吃饲料 30min 左右，再投药饵，使游动缓慢的鱼吃到药饵，并采取投药与鱼池泼洒药饵结合，以增强防治效果。

（6）溶解黏附。用青饲料拌药饵时，要掺拌煮熟的面粉、木薯粉等稀糊状的黏附剂，以免药物散失，影响效果。使用硫酸铜、漂白粉、硫酸亚铁等固体药物时，应先让其充分溶解配成一定浓度，然后向鱼池泼洒，避免鱼类吞食残渣，造成烂鳃死亡或因固体溶解产生高浓度伤害鱼群。

（7）检查效果。药饵的使用，一般要连喂 3~5d，中间停药1~2d 后，视病情决定是否继续用药或停药。并要在首次施药的 24h 内，注意观察鱼的动态，若发现不正常情况，需要采取相应措施，严重时，应立即注水进行检验，并分析其原因，总结经验教训，不断提高防治效果。

6. 投喂药饵注意事项

投喂药饵除了准确估计用药量外，还应注意以下几点。

（1）饵料必须是鱼类喜欢吃的。将药研成粉末或者制成药水，拌入饵料中，晾干后再投喂，制成药饵后的浮沉性要以与鱼的栖息习性相似为宜，上层鱼应使用浮性药饵，下层鱼应使用沉性药饵。

（2）适量加入黏合剂，以便将药混在饵料中，减少投入水后的散失。

（3）有条件的地方最好选择饵料厂家生产的配合颗粒饲料药饵，粒径与鱼相适应，使鱼适口。

（4）药饵在水中的稳定性要好，如稳定性不好，药饵入水后很快散开，病鱼就吃不到足够的药量。

（5）投喂药饵的量要计算准确。按鱼体重计算用药量，将鱼药添加在饲料中，一般在投喂 30~40min 内吃完。

（6）为了保持鱼体中药物的有效浓度，药饵应每天投喂 2~4 次。

（7）内服药饵投喂一个疗程为 3~5d，待鱼停止死亡后，再继续投喂 1~2d，不要过早停药，以防复发。

7. 注意投喂方法

用药前，投饲量应适当减少。药饵投喂时要撒均匀，保证病鱼吃到足够的药饵。假如药饵撒得不均匀，病鱼往往就吃不到足够的药量，甚至吃不到药饵，达不到治病的目的。如池中草鱼较多时，其他鱼生病的时候，为确保病鱼吃到足够的药饵，可先投草料，再投喂药饵。投喂药饵时，最好选择风浪较小的地方投喂，否则因风浪大，撒在水面的药饵很快被吹到下风处，沉入水底，鱼无法吃到足够的药量。在有风浪的情况下，投喂的次数要由一天 2 次改为一天 4 次，药饵量也要适当增加，投饵点也要改为靠近下风口的地方。特别提示以下几点。

（1）杀虫的前一天，投饵量应比平时减少些，以保证病鱼第 2d 吃足药饵。

（2）药饵要撒均匀，保证病鱼吃到足够的药饵；反之，假如药饵撒得不均匀，病鱼的摄食能力较差，往往就吃不到足够的药量，甚至吃不到药饵，达不到治病的目的。

（3）将没病的鱼类先喂饱，再投喂药饵，保证病鱼能吃到足够的药饵。

（4）治疗期间及刚治愈后，不要大量交换池水，以免给鱼带来刺激，加重鱼的病情或引起复发。

（5）在使用内服药的同时，最好配合外用药。

第六章　生态农业创业项目的设计

第一节　创业计划书的编制

一、创业计划书的组成

创业计划书一般包括：执行总结，产业背景和公司概述，市场调查和分析，公司战略，风险分析，组织结构，财务预测，资金管理等方面。

（一）执行总结

执行总结是创业计划一到两页的概括，包括以下方面：本创业计划的创意背景和项目的简述、创业的机会概述、目标市场的描述和预测、竞争优势和劣势分析、经济状况和盈利能力预测、团队概述、预计能提供的利益等。

（二）产业背景和公司概述

产业背景主要包括详细的市场分析和描述、竞争对手分析、市场需求。公司概述应包括详细的产品/服务描述以及它如何满足目标市场顾客的需求，进入策略和市场开发策略。产品介绍应包括产品的概念、性能及特性、产品的市场竞争力、产品的市场前景预测等。

（三）市场调查和分析

市场调查和分析包括目标市场顾客的描述与分析，市场容量和趋势的分析、预测，竞争分析和各自的竞争优势，估计的市场份额和销售额，市场发展的走势。

在行业分析中，应该正确评价所选行业的基本特点、竞争状况以及未来的发展趋势等内容。行业分析的典型问题一般包括：a. 该行业发展程度如何？现在的发展动态如何？b. 创新和技术进步在该行业扮演着一个怎样的角色？c. 该行业的总销售额有多少？总收入为多少？发展趋势怎样？d. 价格趋向如何？e. 经济发展对该行业的影响程度如何？政府是如何影响该行业的？f. 是什么因素决定着它的发展？g. 竞争的本质是什么？你将采取什么样的战略？h. 进入该行业的障碍是什么？你将如何克服？该行业典型的回报率有多少？

(四) 公司战略

阐释公司如何进行竞争：在发展的各阶段如何制定公司的发展战略、通过公司战略来实现预期的计划和目标、制定公司的营销策略。

(五) 营销策略

对市场错误的认识是企业经营失败的最主要原因之一。在创业计划书中，营销策略应包括以下内容：a. 市场机构和营销渠道的选择；b. 营销队伍和管理；c. 促销计划和广告策略；d. 价格决策等。

(六) 组织结构和管理团队

在企业的生产活动中，存在着人力资源管理、技术管理、财务管理、作业管理、产品管理等。而人力资源管理是其中很重要的一个环节。在创业计划书中，必须要对主要管理人员加以阐明，介绍他们所具有的能力。他们在本企业中的职务和责任，他们过去的详细经历及背景。此外，在这部分创业计划书中，还应对公司结构做一简要介绍，包括：公司的组织机构图；各部门的功能与责任；各部门的负责人及主要成员；公司的报酬体系；公司的股东名单，包括认股权、比例和特权；公司的董事会成员；各位董事的背景资料。

（七） 财务预测和资金管理

财物预测包括财务假设的立足点、会计报表（包括收入报告、平衡报表，前两年为季度报表，前五年为年度报表）、财务分析（现金流、本量利、比率分析）等。资金管理包括股本结构与规模、资金运营计划、投资收益与风险分析等。

对财务规划的重点是现金流量表、资产负债表以及损益表的制备。流动资金是企业的生命线，因此企业在初创或扩张时，对流动资金需要预先有周详的计划和进行过程中的严格控制；损益表反映的是企业的盈利状况，它是企业在一段时间运作后的经营结果；资产负债表则反映在某一时刻的企业状况，投资者可以用资产负债表中的数据得到的比率指标来衡量企业的经营状况以及可能的投资回报率。

（八） 市场预测

市场预测应包括以下内容：需求预测、市场现状综述、竞争厂商概览、目标顾客和目标市场、本企业产品的市场定位等。

（九） 风险分析

关键的风险分析（财务、技术、市场、管理、竞争、资金撤出、政策等风险）、说明将如何应付或规避风险和问题（应急计划）。这部分主要包括：a. 你的公司在市场、竞争和技术方面都有哪些基本的风险？b. 你准备怎样应付这些风险？c. 就你看来，你的公司还有一些什么样的附加机会？d. 在你的资本基础上如何进行扩展？e. 在最好和最坏情形下，你的五年计划表现如何？如果你的估计不那么准确，应该估计出你的误差范围到底有多大。如果可能的话，对你的关键性参数做最好和最坏的设定。

（十） 假定公司能够提供的利益

这是创业计划的"卖点"，包括：总体的资金需求、在这一轮融资中需要的是哪一级、如何使用这些资金、投资人可以得到的回报，还可以讨论可能的投资人退出策略。

二、创业计划的注意点

一份成功的创业计划应该清楚、简洁，展示市场调查和市场容量，了解顾客的需要并引导顾客，解释他们为什么会掏钱买你的产品/服务，在头脑中要有一个投资退出策略，解释为什么你最合适做这件事等。

一份成功的创业计划不应该：过分乐观，拿出一些与产业标准相去甚远的数据，忽视竞争威胁，进入一个拥塞的市场。

三、创业计划书参考格式

×××创业计划书目录摘要

1　执行总结
　　1.1　项目背景
　　1.2　目标规划
　　1.3　市场前景
2　市场分析
　　2.1　客户分析
　　2.2　需求分析
　　2.3　竞争分析
　　　　2.3.1　竞争优势
　　　　2.3.2　竞争对手
3　公司概述
　　3.1　公司简介
　　3.2　总体战略
　　3.3　发展战略

第二节　生态农业创业项目的设计方法

农牧业生态项目的设计是一项系统工程，是一种创造性工作，需要创见性思维和创造性的劳动。必须从分析当地自然资源和社会经济具体情况出发，根据生态学原理，对生产、生活等多项建设进行各种分析、计算和设计，从而取得最佳的环境和最好的效益。生态项目的设计主要包括结构设计和工艺设计。

一、结构设计

首先要确定研究对象和系统边界、范围，由于研究目的不同，研究对象可以是单一的畜牧业系统、种植业系统、林业系统、渔业系统，也可以是上述各系统的几个或全部所构成的复合农牧业生态系统。系统边界的大小，由研究的需要而确定，可以是省、地、县、乡、场、户。其次是全面系统地进行调查研究，分析问题的因果关系。在对现有系统给予充分评价的基础上，根据需要与可能，合理布局农、林、牧、副、渔各业的比例，充分发挥自然资源生产潜力，使结构网络多样化，加速物质的循环与再生，促使生态平衡和稳定。

结构设计包括下述内容。

（一）平面结构设计

平面结构是指在一定的生态区域内，各生物种群或生态类型所占面积的比例与分布特征。在研究、规划、设计农牧业生态系统总体布局时，必须根据国家和人民的需要，在有利于生产和有利于促进本系统良性循环的前提下，根据各生物种群特点，合理安置最适地点、相应的面积和密度，并通过饲养和栽培手段控制密度的发展，以求达到最佳的平面结构布局。

（二）垂直结构设计（又称立体结构设计）

垂直结构是指在单位面积上各生物种群在立面上组合分布情况。就植物来说，垂直结构包括地上和地下两部分。垂直设计的目的，是把居于不同生态位的动物或植物组合在一起，最大限度地利用土地和自然资源，发挥和利用种间功能，使系统稳定、协调、高效发展。

（三）时间结构设计

在生态系统内，各生物种群的生长、发育、繁殖及生物量的积累是周期性更迭，具有明显的时间系列。根据这种周期规律，人们可以对不同时段进行具体设计，以充分利用不同时段的自然条件和社会条件，使生态系统获得较大的生产力。此外，外界物质、能量的投入，要与生物种群的需求相协调，这也是时间结构设计需要解决的问题。

（四）食物链结构设计

为了充分利用自然资源，可以增加或改变原来的食物链，填补空白生态位，使系统内有害的链节受到限制，把原来人类不能直接利用的产品经过"加环"转化为新产品，使系统更加稳定、协调、高效。

上述各项结构设计，综合构成本系统的总体结构设计。在此基础上，再进行生态可行性、技术可行性、经济可行性和社会可行性的综合分析研究，务使全部设计在理论上是可靠的，在实践上是可行的，这样才能成为一个成功的设计。

最佳的结构主要是最佳的种群结构，是通过不同种群合理配置，按食物链而形成的复合群体，达到最大限度的适应，巧用各种环境资源，增加系统生产力和改善环境的目的。

二、工艺设计

工艺设计主要是模拟生态系统结构与功能相互协调以及物质循

环再生和物种共生等原理，设计、规划、调整和改造生产结构和生产工艺，使一种生产的"废物"成为另一种生产的原料，使资源多层次、多级充分利用，使物质循环再生，这样不仅提高了资源利用率，而且使整个自然界保持生命不息和物质循环经久不衰，使资源永续利用、相互促进、相互依存和综合发展的良性循环系统。

三、设计生态养殖项目时应充分考虑的问题

（一）物种结构

物种是生物种和品种的总称，是物质生产的主体，是提供生物产量的。物种结构是指在生态养殖模式中生物种类的组成、数量及彼此关系。即应有哪些物种，每个物种的数量应为多少，比例关系应怎样。只有物种选择适当，数量比例恰当，各物种才能发挥最大的作用，产出最大的生物产量。比如"四位一体"模式中，$100m^2$的建筑，暖舍以 $20\sim30m^2$ 为好，适宜于养 $5\sim6$ 头猪，暖舍下设 $8\sim10m^3$ 的沼气池为好。

物种不仅要选择适当，而且相对比例也要恰当才行。在生态养殖模式中，提倡的是多物种共生，即物种多样性。不怕物种多，越多利用资源才越彻底。

物种是复杂的，在生态养殖模式中物种选择是非常艰难的，要经过多次的摸索，多次的实践。要做详细的调查和研究。总的原则是：使模式内各物种都发挥其应有的作用，最大限度地利用资源，创造最大的经济效益，引入物种应考虑经济效益。

注意问题：在选择物种时应尽量利用物种的互补性，而避免物种的竞争。如在稻田中放养细绿萍，水下养鱼模式中可防止水稻纹枯病的发生（萍类能杀灭纹枯病的病毒）。"四级净化、五步利用"模式中水葫芦利用肥中氮为主，细绿萍利用磷为主，另外细绿萍还有防治猪腹泻的作用。在"四位一体"模式中，猪和蔬菜二氧化碳和氧气互补。再一个注意问题是尽量加大密度。

（二）空间结构

空间结构指的是各个物种在水平方向上和垂直方向上的相互关系。各物种的空间分布包括地下的利用、地面的利用、地上的利用、空中的利用。要使土地资源利用率最高，不让其有闲置土地，怎样用创造的价值大就怎样用。如"四位一体"模式中，在猪舍内距地面 1.5m 左右可安置一排鸡笼，地面养猪，地下是沼气池。

（三）时间结构

物种搭配时要考虑生长时期，利用周期，均衡发展，全年利用。任何生态因子都有年循环、季循环和日循环，而生态因子对生物的生长发育又是起决定作用的。因此，生物都有其特定的生长发育周期。

时间结构即是科学地处理和协调生态（资源）因子和生物生长、发育之间的关系，以便充分利用各种生物在时间上的互补性，使得模式的生产有序、均衡。

各物种对资源因子都有其特定的适应性，如有的适宜于春季生长，有的物种适宜于夏季生长，有的适宜于秋季生长，有的物种以吸收磷元素为主，有的以吸收氮元素为主。而我们正好利用资源因子的变化来把物种搭配开，避免在同期各物种竞争资源，而不同时期资源闲置，没有物种来利用。

时间结构是生态养殖模式进行高效生产的重要条件。如鱼稻萍模式中，采取多种鱼混养，根据不同时期水质情况，不同鱼的生态特性，采取分期投放，分批捕捞，实现全年养鱼（南方）。

（四）食物链结构

食物链结构指哪个物种处在哪个营养级合适，是指模式内物质生产和物质转化的链环。生物种群是非常庞大的，但都能以食物链相互联系起来，所以在选择物种时，只要我们理顺链环，配合协调，就能使有机质多层利用，变废为宝。如农副产品加工成混合饲料来养鸡，鸡粪用来喂猪，猪粪可以养蚯蚓，蚯蚓又可以用来养鸡、喂鱼，形成经济高效的循环圈，使有机质得到了充分的循环利用，实现了"蛋多、猪肥、产量高、成本低"的高效益目的。

一般来说，食物链越长，生物产量越高。但需要用的劳动力也越多，物质投入也会多，技术越复杂。所以食物链应根据客观条件而定，应以"由简及繁"为原则，条件差的、资源少的就用简单的形式。如"秸秆喂牛—牛粪制沼气—沼气渣肥田。"田肥则秸秆多，这是比较简单的模式，也很容易实现。如条件较好、资源丰富，可用多层次利用的养、种、加结合的方式（养殖业、种植业、加工业）。

（五）技术结构（各种技术的组合）

配套技术是实现高效生产的保证。不同的物种需要不同的技术，不同的层次需要不同的技术。如"四级净化"模式中，有养猪生产技术、细绿萍生产技术、养鱼生产技术、水稻生产技术、塑料大棚管理技术。要使得整个模式正常生产，那么各种生产技术都需要具备才行，缺少某种技术将会影响其资源的利用，以致影响经济效益。所以要尽可能地丰富自己的学科知识。

主要参考文献

海泳 . 2016. 美丽乡村蓝图下生态农业建设之道［M］. 长春：吉林大学出版社 .

李素珍，杨丽，陈美莉 . 2015. 生态农业生产技术［M］. 北京：中国农业科学技术出版社 .

唐珂 . 2015. 中国现代生态农业建设方略［M］. 北京：中国农业出版社 .

杨承训，仇建涛，等 . 2015. 高端生态农业论：探研中国农业现代化前景［M］. 北京：社会科学文献出版社 .